BOOK

新自然主義

BOOK

新自然主義

向大自然學設計

樸門Permaculture啟發綠生活的無限可能

Design for Life

孟磊、江慧儀 著
Peter Morehead

目錄 contents

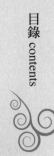

chapter 2
以大自然為師：樸門的精神

chapter 3
人人都是生活設計師：樸門的設計原則

chapter 5 風之谷家園：台灣的樸門鄉居實踐

chapter 6 在城市輕鬆擁抱綠生活：台灣的樸門城市實踐

●本書隨時舉辦相關精采活動，請洽服務電話：02-23925338分機16。
●新自然主義書友俱樂部徵求入會中，辦法請見本書讀者回函卡頁。

共同推薦

實踐「綠生活」必備的觀念與方法書

這是一本溫馨又感人的書，作者Peter和慧儀透過樸門方式深度的過活、實作、推廣，將樸門根本關懷實踐出來了。書中更毫不藏私地分享務實又帶創意的樸門作法，是渴慕過生態、有機生活的必備參考書。

王順美 台灣師範大學環境教育研究所教授、中華民國環境教育學會理事長

王順美

當有機淪為一句口號、一種時尚、一個法律名詞時，真心追求「與自然和諧共存」的朋友，不妨進一步了解樸門所推廣的概念。「樸門」是一門容易學習，並且可以輕鬆執行的生活方式。二位作者分享的經驗，給我許多的啟發。

朱慧芳 《只買好東西》暢銷書作者

朱慧芳

「樸門不是單一技術，也不是一套規則」，是我對此書最大的共鳴，因為我曾為政府推動了轟轟烈烈的「綠建築評估制度」，但被很多人當成技術或規則，背離了向自然學習

的最高原則。「樸門」與「綠建築」一樣，如果沒有愛心、學習與實踐，任何美好的口號均為空談。目睹人類文明滅絕之危機，相信許多人與我一樣，想遠離世俗、隱居山林，但照顧地球、照顧人、分享多餘的「樸門三倫理」，也許是讓我們重回社會、創造公益的一盞明燈。

林憲德　成功大學建築系教授

林憲德

在接觸樸門永續設計之後，我了解到原來懶人如我，也可以很技巧地讓土地透過生態多樣性，創造自給自足的環境。透過樸門設計的規劃，土地上的人、動植物互相依賴又可各自獨立。誠心期盼這本書，可以讓樸門設計的真諦與好處，從個人住宅擴展到社區營造與城市裡！

林黛羚　《蓋綠色的房子》暢銷書作者

林黛羚

費盡數千萬年而生成的「福爾摩沙島」，就在短短數十年間迅速崩解！大地的傷痛相信你我都真真切切地感受到，而個人力量的薄弱卻使我們常感無奈絕望，然而孟磊與慧儀從墨立森的「樸門永續設計」為島、為島民，帶來了每個人都能擁有永續生活的新契機，就讓我們共同來學習如何與地球共存共榮。We are nature！

柯金源　公共電視新聞部製作人

柯金源

近年來，世界各地和台灣這個島嶼都不斷遭受到山崩土石流、廣大洪災的蹂躪，大家都納悶這些災難何時才會停歇？然而，這些看似自然界的凶惡威脅，卻是我們自己和自然之間關係斷裂所造成。對於這些難解的事，可能因為你不經意翻開手上這本《向大自然學設計：樸門・啟發綠生活的無限可能》的新書，出現了改變的契機。請你靜下心來閱讀這本書，細細思索本書所提供「樸門永續設計」的啟發與建議，試行書中列舉的各項踏實且可行的永續方法，將可取回每個人生活的自主權，進而與周遭環境，甚至整個自然系統共處、共榮，而災害也會逐漸平息。

陳亮全 台大建築與城鄉研究所教授

陳亮全

這本是目前對樸門永續設計最完整的中文入門書，孟磊與慧儀分享在台灣的許多生活改造經驗，並介紹國外生態社區、永續農場。想體驗「小而慢」的生活，及善用植物營造健康生態，別錯過這本「將問題視為資源」的樂活新書。

黃淑德 主婦聯盟生活消費合作社常務理事

黃淑德

從憤世嫉俗的環保青年，到今日荷鋤下田的穀東農伕，尋找一個人與自然萬物和平相處的方式，一直是自己未曾放棄的理想，無論你對人類的未來是否仍抱持希望，本書作者一路走來寶貴的樸門經驗，都將重新拓展你的視野，激發你行動的熱情！

賴青松 穀東農伕

賴青松

推薦序之一

一本拯救台灣和世界的指南

文魯彬
台灣蠻野心足生態協會創會人、博仲法律事務所負責人

我會特別留意壞事，甚至到了擔憂的地步，包括人類對彼此所做的壞事，對後代所做的壞事，對祖先記憶所做的壞事，對我們的空氣、土地、山水和「萬物」所做的壞事。同時我也留意到，人類物種擁有兩百萬年偉大且精采的歷史，而我們其實有能力，在擁有數十億物種的地球社群裡，扮演負責任、有理想、有抱負的成員。

「台灣蠻野心足生態協會」已成立八年，這些年來我們一直努力與產官學界對抗，因為他們拿我們的未來、過去、甚至現在作為代價，推動人類對資源作愚蠢的消耗（台灣和世界的快樂指數在降低中，即便整體商品和服務的「產量」增加）。而對抗是相當累人的事。

蠻野初創時期，還是有些令人高興的事，讓我得以維持心智穩定和心理健全，例如經由新自然主義公司總編輯蔡幼華的介紹，認識本書作者慧儀和Peter。他們為了推廣和執行「樸門永續設計」所做的相關工作，不僅成了我的靈感來源，而且在我來看，也為未來革命運動所需的元素，提供了重要的關鍵。

我所提到的革命，是人類如果想活命就必須發生的那種革命，而且不只是為了防止人類

自身滅絕所需，同時也是為了避免人類美好生活來源消失殆盡所需。許多人已指出（甘地亦如此認為），這種革命的過程，需要匯集兩種力量：對「惡」（為了消耗而消耗）的抵抗力，以及「善」（互敬互重的社區）的創造力。有人會認為（我也同意），「創造」並非人類能力範圍所及，而是上帝或其他神祉（取決於個人信仰）才做得到。但是身為人類的我們，可以值得慰藉的是，在於「造物者」施展其神奇力量的情況下，我們人類這個物種有能力改變我們環境中的情況與條件。

樸門永續設計是促進這目標的好方法。它奠基於觀察和尊敬，把原住民族固有的以及土生土長的亙古智慧，與當前必須採取行動的迫切需求融合在一起。只要能對我們周遭環境每天所呈現的神奇和機會，敞開自己的心靈和心智，任何人都可以在任何空間應用樸門永續設計。

我第一次跟慧儀和Peter見面時，他們在出版一本定期出刊且內容幾乎是雙語的《台風》雜誌，這本雜誌介紹了許多非主流想法，散播許多觀念的種子，我相信這些種子會提供讓台灣回歸理智的相關資訊。與他們見面不久後，我們開始合作，為博仲法律事務所綠色辦公室設計屋頂花園。Peter向我介紹了一本叫做《人糞堆肥手冊》（*The Humanure Handbook*）的書，內容是關於人類排泄物的堆肥，這個簡單想法足以創造數千個工作，協助解決缺水危機，節省數十億金錢及數百萬噸的稀少資源，並且對世界人口健康有偉大貢獻。Peter和慧儀在二〇〇八年邀請在樸門永續設計領域首屈一指的羅賓・法蘭西絲（Robyn Francis）到宜蘭舉辦了兩週的認證課程，而且我很幸運地成了該課程的學生。

目前許多人正從現代發展的夢魘中醒過來。也就是說我們的環境、社會和經濟能力受到過度濫用，而濫用情況還讓我們的（個人和集體）免疫系統受到不必要的危害。大部分人當要面對現實中超出限制情況時會感到無力麻痺，而每個人都會有不同的反應。有些人會「向權貴訴說真理」來挑戰和對抗傳統產官學機構所代表的既得利益，還有些人會設法創造更佳的替代方式，但令人遺憾的是，他們通常都未體認到這些替代方式必須具有互相配合的背景脈絡才行（例如突顯出企業本身基本矛盾以及照常經營的空洞錯亂）。

然而，有太多人僅透過消費、學術研究或工作，來逃避面對這些現實問題。他們這麼做，不是出於懶惰或自私，而是因為感觸問題規模太大，讓人無法辨識正確方向，更不用說還能找到個人努力的方法。本書所介紹的樸門永續設計，我相信在原住民設計知識的書之外，是台灣最早介紹這種觀念的書，本書為大眾提供了有創意且有樂趣的入門方式，並帶來了拯救台灣和世界所需要改變的指南。

推薦序之二

樸門樹開的第一朵花

黃盛璘
草盛園園藝治療工作室園藝治療師

拿到Peter這本介紹樸門的書，內心充滿喜悅與興奮。喜的是，台灣終於有了自己的「樸門」書。興奮的是，「出書」代表著會有一群讀者支持；將會有更多人因著這本書走入樸門之道，相對的，就會有更多人來關心及善待我們這塊土地。

我在二○○二年離開原有職場，決定到美國去尋找下一個想要投入與經營的人生。二○○三年命運讓我碰到了「樸門」和「園藝治療」，從此生涯有了大轉折——決定下半人生要過「樸門」生活，而行「園藝治療」之服務。

回國前，美國樸門老師有一天跟我說：「台灣有位Peter在推動樸門！」回國後便興沖沖的到處詢問與尋找。先是加入樸門讀書會，參訪Peter在陽明山風之谷的樸門落實；之後，Peter搬到花園新城，又開始進行社區及屋頂的樸門設計，在在都讓我看到Peter的認真與執著。幾年後，就聽到他請來澳洲專家開長達兩週的培訓課程，由場場爆滿的報名狀況，可以看出這幾年在他的耕耘下，樸門這棵樹開始在台灣發芽、生根、長葉了！而Peter將這十幾年來在台灣推動與落實樸門的心得整理出來的這本書，就像這棵樸門樹開出的第一朵花！

二〇〇四年，跟好友借了三峽一塊地，我也開始樸門生活的實踐。回想這六年，最明顯的改變是「土壤」，從黏硬到鬆軟；而最困難的則是人既定的觀念。我常要面對人的指點：「草該除一除了！」「你肥施得不夠啦！」……

要怎麼跟他們說明樸門精神呢？變成我最大挑戰。我最常用的一句話就是：「跟大自然學習，大自然怎麼做，我就怎麼做。」於是，我做廚餘、落葉堆肥和人糞堆肥，養雞施肥，養鴨吃蝸牛等等實驗。當然也有失敗的，例如螺旋花園被最強勢的薄荷鋪滿，現在只看到土陀小丘，再也看不到螺旋形狀了；而鎖眼菜圃很快的被野草淹沒，鎖眼不見了。

要達到墨立森的最高原則：「成功的設計應該使系統具備自治能力，不太需要外界的物資進入，也不用我們多加費心。」那我還有很長很長的一條路要走。雖然走的緩慢，過程卻充滿解題的樂趣。就像Peter書中所說的：「把問題視為一道有趣謎題。」

這六年的樸門生活讓我深深體會到：當你走入「樸門世界」，你會發現自己改變了；而你用「樸門」來看世界，你更會發現世界竟是如此豐富而有趣！就讓這本書帶你走入樸門世界吧！

黃盛璘

推薦序之三

尋找樸門的旅人

褚士瑩
國際NGO顧問、知名作家

時間倒推至二〇〇二年，開始接觸NGO顧問工作的第六年，也是我獨立接案的第二年，很興奮終於接到一個跟小時候當農夫的志願的相關計畫——到緬甸北部的山區去設立一個環保農場。

不顧眾人的反對跟家人的擔心，幾個月後我拿著剛出爐的等高線圖，跟土壤分析報告，在世界地圖上畫了一條線，這條線穿過世界上所有同緯度的區域，找到土壤結構以石灰跟黏土為主，海拔也相似的地方，就出發到全世界的環保農場去取經了。

從台灣南部鄉間到多明尼加共和國的有機咖啡園，福建武夷山的茶園到美國西南部的洛磯山脈深處，每每總是抱著滿滿的希望出發，卻帶著失落回來。

我意識到有機農業的美意良善，但在中國的有機農場看到農民工毫無感情的耕作後，我體會一件事：不能只有植物有機，人卻是麻木的。

後來到美國科羅拉多州南部洛磯山脈旁的小鎮克里斯頓（Crestone），這個建立在水晶岩層上方的聚落是美洲印地安人傳統的聖地，當地也聚集許多的靈修中心，十七世大寶法王甚至在此地設立了兩座佛塔，其他如有機農耕社區、使用太陽能供電跟吸熱的白板所建造的節能建築、稻草跟黏土所興建的自然建築等等，更是不勝枚舉。而就是在這裡，我遇見了神慈秀明會的自然農法，由日本美秀美術館（Miho Museum）的會長小山美秀子的女兒小山弘子所建立的靈修館，在其附屬的農場裡，無論是土地的照顧跟人的內心都做到了與自然共好，可是宗教的藩籬，卻讓我對於專業NGO的公平性，還有日本式精耕的有機農法，是否能在政治動亂頻仍、多宗教、多種族的緬甸毒品金三角周邊發展，有所存疑。

就在我跟一個叫做Rodney的當地朋友，抱怨我可能又面臨另一次失望的時候，這個在相當缺水的克里斯頓小鎮上專門蓋圓頂溫室（growing dome）的專家Rodney說，我可能會在以色列一個叫做基布司丹（Kibbutz Lotan）的環保村（Eco-village）找到答案，那裡就是用稻草跟黏土，在沙漠裡蓋圓頂溫室（straw bale geodesic dome），打造超省水的有機農業封閉生態系統，同時強調環境正義（environmental justices），以建立和平社區為宗旨，修復我們與自己的關係，人與人之間的關係，還有人類與世界的關係。

半信半疑之下，我揹著行囊去無論經緯度、土壤、海拔都毫不相干的以色列取經，結果在那裡，我找到樸門。

在那裡，我看到一個理想的模式，跟克里斯頓小鎮選擇離群索居的靈修人士不同，這個社區能提供來自世界各地背景複雜的猶太多代家庭，一個自給自足的生活空間，也學會如何與烈日、土壤貧瘠、水質惡劣的環境和平共存，而非「人定勝天」、「戰勝自然」，那應該也能與遍體鱗傷的緬甸邊境和諧相處才對，原先只想著自然「條件」的相似，卻忘記每塊土地是有「生命」的，難怪這麼長久的尋找卻徒勞無功。

帶著對樸門單純的信念，我開始以自己對於樸門的有限理解與想像，在這塊將近三百英畝的山區閉門造車，努力了六年之後，終於在主婦聯盟的淑德姐，帶著伙伴到農場從事公益旅行的時候，鄭重提醒我應該是讓大自然的中醫師——樸門的專家，來把把脈的時候了。

就這樣，趁我回台灣休假的時候，淑德姐介紹了兩位在台灣樸門領域耕耘多年的高人，讓我能夠請樸門專家診斷一下，到目前為止，究竟我做對了什麼，又做錯了些什麼？而這兩位「高人」，不是別人，就是《向大自然學設計：樸門．啟發綠生活的無限可能》的作者——來自美國的孟磊，跟台灣的慧儀。

讀著他們用十多年的生命，寫下對樸門永續設計的追尋，我好像更明白自己為什麼會繼續在NGO領域工作，而且時時充滿熱情的真正原因。因為透過這份工作，我不斷能認識這些可敬的人，無私分享的人，內心既柔軟又充滿專業素養的人，讓我覺得驕傲的人，與讓我覺得渺小的人，這些人每天都教導我一些認識世界的新角度，讓我每天都更接近成為一個更好的人，一個有能力喜歡自己的人。

作者序

照顧自己也照顧地球

這是一本為想要奪回生活自主權的人，所寫的書。

從青少年開始，我似乎就是家人眼中的怪咖。十六歲時我考取駕照，接收了姐姐的車之後，就常翻出家裡的垃圾桶，把亂七八糟的垃圾分類，將我認為應該回收的收集起來，開車送到回收場。

我第一次接觸到樸門永續設計是在高中的圖書館裡，當時我正歷經一段人生的恐懼期，害怕這個星球即將面對的未來，害怕人類將無法持續生存。我雖感覺自己是一個大地的旅人，與世界上其他的生物與非生物沒什麼不同，但世界的問題卻讓我憂心，自認為是地球的主宰者的人類，究竟將把地球這「太陽太空船」開往何方？

現在回想起來，那時的感受就是所謂的「無力感」。有許多年我迷失在這種情緒裡，後來才發現，我會感到無力，是因為我認為自己完全無法選擇如何生活。

隨著年紀的增長，我後來發現這種想法是在行銷掛帥的資本主義社會下所產生的。我相信有很多無力感的受害者，已經徹底相信他們沒有自力更生的能力。如同我當時過於依賴這個現代的主流社會，以致於沒有發現自己成為這個不永續系統的奴隸。雖然每天都在和這個系統奮戰，但最終都被安撫了，覺得這個世界是正常的，即使有問題，也是出在自己身上。我們被說服去相信，如果不仰賴現代社會就無法生存，但是當我身處在森林中，看到各種動物的求生之道，我發現，這根本是個荒謬的說法。因而，我想要學習自力更生的動機就更加強烈。

一九九〇年，為了看看世界，我初次以交換學生的身分來台灣，在六個月的學習之旅結束前，我徒步環島旅行一個月。離開台北走入鄉村，我驚嘆於台灣農村、高山的秀麗與人情的溫暖。當時，我便默默地希望，有一天能再回到台灣。然而，那一次的旅行，也讓我發現台灣農業與聚落的危機：基本生存技能的式微、現代科技與資本主義引領的價值觀一面倒地影響著台灣社會的走向與發展。只是那時的我，不知道自己能做些什麼。

也許是命運的安排，我成了台灣女婿而定居台灣。但自給自足、學習人類生存技能的興趣與希望一直在我的心中難以忘懷。在太太慧儀的支持下，我辭去工作，到澳洲修習樸門永續設計。隨後，我們在陽明山平等里實踐所學。樸門永續設計的推廣教育也成為我的人生目標之一。因此，二〇〇六年我再次回到美國進一步完成專業教師認證課程。

在沒有學習樸門之前，我天真地以為只要找一片人間淨土，離群索居，就可以解決我的世界不適應症。但在我開始從實踐中反思之後，越來越能夠理解，樸門永續設計是一種相當入世的知識系統，強調的是用正面的方法面對問題、解決問題。

樸門教我的，是如何「從當下開始」。無論我們所在的條件如何，是在鄉村中的林牧地、都市中的小陽台或很不幸地是一片曾遭到污染的土地，都可以嘗試透過瞭解自己的需求、模擬自然生態系統的運作，應用樸門的設計原則，讓我們的所在比現在更進步。

本書除了分享我如何尋尋覓覓，找到推動樸門永續設計的人生方向，也集結了這十多年來我與慧儀、同事、朋友，在生活、工作上實踐樸門永續設計理念與方法所累積的學習、案例，以及我們對樸門永續設計的理解與經驗分享。

當然，本書只是一個開始，引領讀者一探樸門永續設計。若讀者有興趣深究，可以選擇完整的訓練課程，並且閱讀參考國際樸門社群所出版的書籍，最重要的是還要透過自己的體驗與實踐，品嚐其底蘊，持續深化，才能掌握其精髓。

本書從兩年前開始籌劃到完成，歷經許多波折與挑戰。如今終能付梓，要感謝許多人的包容與協助。包括，新自然主義出版社美華姐、幼華、信瑜，文魯彬律師以及大地旅人的同事雅容、玉子、銘菁在本書的撰寫過程中給予各種協助。

在文字產出的過程中，謝謝台灣樸門同儕震洋、慧儀的國中死黨玉欣的試讀意見，以及後期淑芳的細心校對、美編啟巽的耐心修改。另特別要感謝慧儀的大學好友靜芬在午夜時刻犧牲睡眠閱讀，提出許多寶貴建議。榮燦、妙妃、泰迪、珮君不吝分享自己學習之後的實踐，激勵讀者。

此外也感謝慷慨提供照片的師長、友人：Robyn Francis女士、倬立、外星叔叔德輔、吉仁、朱慧芳女士、Ariana、信瑜、雅容、玉子、雅婷、泰迪。您們的照片讓本書的內容增色不少！

最後謝謝我人生中最重要的人：慧儀，沒有她就沒有這本書；還有我們的父母Bill、Janell與英英，數十年來對我們的愛與關懷；也謝謝所有關心台灣與世界環境的朋友，讓我們在這條路上不至感到路遙與寂寞。

孟磊

前言

尋找方向的旅人

歷經一、二十多年的尋尋覓覓，我很確信：「樸門永續設計提供了很聰明的設計工具，讓我能夠過著又懶惰又認真的樸門生活。」

從幼兒時期開始，喜愛大自然的父母總是帶我們三兄妹露營、划船、探索自然。對我的父母來說，他們壓根從未想過，他們小兒子的人生旅程會從八歲起至今年近四十，仍一直圍繞著與自然的關係在轉變、前進。而在這段關係當中，樸門永續設計就如同指揮家，引領著他們的小兒子，譜出一段療癒自我、也試著療癒大地的樂章。

小學階段的我，很幸運地在美國環境教育興起的氛圍下學習、成長。我就讀的小學就是以著名的生態倫理之父李奧波（Aldo Leopold）為名，每個學期學生都會到李奧波環境教育中心（Aldo Leopold Center）以及《沙郡年紀》（*A Sand County Almanac*）一書中的李奧波的小屋，進行戶外環境教育。

簡約生活的想法悄悄萌芽

空間的轉移以及跳脫自己習以為常的生活文化，是更認識自己的一種方法。小學畢業後，我們全家隨著在ＩＢＭ工作的父親調派到德國。這個時期，提供了成長中的我一段特殊的經驗，引領我檢視自己來自於什麼樣的國家、什麼樣的社會，而我是不是想要持續地跟所有的人一起走相同的路。

在德國的日子，我開始有機會從另一個國家的眼睛來看我所成長的美國社會，感覺歐洲人眼中與口中的美國，與我所認知的有那麼一點不同。父親在結束了兩年的駐外工作後，帶著全家從法國、義大利、香港、泰國、日本、夏威夷等地返鄉的旅行。也讓我發

美國威斯康辛州的李奧波小屋，有許多小朋友到這裡進行戶外教學。

現原來這個世界很大。回國後，我漸漸感覺到美國社會有些問題，尤其是對人們生活方式的浪費，以及對大地資源的剝削。

當時我正值青少年的叛逆時期，這些社會問題常困擾著我，但我卻又無能為力，累積的憤怒和不滿與日劇增，也因為這樣的心境，讓我在美國的求學生活變得很不能適應。另一方面，或許是對美國生活模式的反彈，使得簡約生活的想法漸漸在我身上萌芽，我開始對如何用最少的資源生存下來感到興趣，因此對生存技能的好奇心也愈來愈強烈。

一心想遁入森林的叛逆少年

不久後，我開始閱讀追蹤師湯姆・布朗（Tom Brown）的書籍自學，經常躲在車庫中練習鑽木取火，木頭摩擦的聲音引起爸媽的注意，他們每次好奇地打開車庫問我在做什麼，我總是趕緊收拾東西，裝做沒什麼事立即閃人，不想讓他們知道我在搞什麼。

同時，我對於可食的野生植物辨識、傳統陷阱、追蹤動物深深地著迷，常在森林裡練習湯姆・布朗書中所教的技能，後來更參加了他親自帶領的課程。當時，我父母的心中埋藏著許多的擔憂與掛心，為什麼我會對生存技能那麼有興趣？我叛逆的心裡在想些什麼？有什麼奇怪的念頭？我會不會有一天突然遁入森林，讓他們永遠找不到我？

與台灣的父母相較，美國的父母比較沒有權威。他們知道無法阻止孩子去做自己想做的

在自然中獨處，可以學到書本沒有教我的事。

事情，所以在那段我追尋方向的叛逆人生當中，只能默默地為我禱告，小心地在一旁關照與觀察我的動向，希望他們的小兒子能夠長大成為一個「正常人」。然而，當時的我卻覺得住在那樣的美國社會，很難當一個真正的「人」。所以早已偷偷地在計畫與準備著，高中畢業後就要帶著我所學的生存技能到加拿大的北方森林中獨自探索、長住。

學習追蹤師的歷程，是開啟我與大自然以及原住民文化一種形而上關係的重要階段。從幾張家族老照片與信件中得知，我有一位先祖是北美洲原住民，但在成長過程中，無論在情感與靈性層次上，我從不曾有機會發展與原住民文化的關係。

原住民將大自然中的生物與非生物，無論是野鳥、野兔、天空、雲、雪都視為親戚，具有自己的性格。而在追蹤師課程中，我也受到這種觀念的洗禮與啟發。當我走在森林當中，更能認識森林中的生物，而當我躺在草原、倚靠在大石頭上或只是靜靜聆聽自然的聲音，就變得更自然而然，也更想用自己的力量來保護它們。過去對大自然的恐懼與隔離感漸漸地解除、消失了。

我體會到，我與自然界的其他元素一樣——無論植物動物或岩石、土壤中看不到的微生物，都只是這世界上的一部分，在靈性的層次上就很自然地產生了相互依存的連結感。從那時候開始，我開始有一種奇妙的感覺，認為自己是一個大地的旅人，是地球的過客，跟其他的生物沒有太多不同。

這樣的感覺在我高二那年，因緣際會地參加了北美原住民的淨化儀式（The Sweat Lodge

Ceremony）後，更加鮮明而篤定。

淨化儀式療癒身心靈

傳統的淨化儀式是在一個以柳樹枝條編成的圓形小屋進行。儀式前，耆老要求我們禁食一天，為儀式做準備。任何手錶、耳環、金銀飾等非自然物都需卸下，只能帶著對自己有意義或具有神聖象徵的自然物進入小屋。在進入小屋前，耆老用艾草所產生的煙，為我們淨身。

在小屋的中心有個小凹槽，裡面放著炙熱的石頭。石頭擺放的順序與位置有特殊的意義，依序是西、北、東、南、中，而中間的石頭是獻給祖父靈，隨後放上的其他石頭則是獻給祖母靈與族人。

我清楚地記得，儀式當中，耆老帶領著我們向四方祖靈與天地萬物祈禱並請求指引。在向四方都灑一滴水之後，耆老將水灑在小凹槽中炙熱的石頭上，使得整個小屋內充滿著溫暖濕潤的空氣。當整座小屋內的溫度與濕度升高，就象徵母親安全、溫暖的子宮，同時也引領著參加者回到童年的純真。我們共同體驗著由靈性世界所傳來的訊息，同時藉著祈禱與發汗，洗滌身體與心靈。

耆老在祈禱與吟唱當中，點燃一支象徵和平的煙草，並傳遞一支羽毛，當羽毛傳到面

林雅容／攝

前，可以向祖靈介紹自己來自何方、哪個家族、哪座山區、流域，也可以引領大家祈禱，或者是提出問題尋求指引，煙草所產生的煙會將疑問傳送給祖靈。此外，也可以請求祖靈原諒自己所犯下的過錯。

儀式告一段落後，我們都跳入附近的溪流，讓冰涼的流水洗去身上的汗珠。原住民相信，淨化儀式能夠療癒身心靈的破壞與不平衡。因此，儀式進行的小屋不僅代表著靈性的庇護所，也是心理與生理治療的所在。

初次參加淨化儀式，為我帶來前所未有的震撼。儀式結束之後，似乎一切煩惱、憤怒、身外之物都離我而去，心情異常地平靜，頭腦也變得好清晰。那次的經驗讓我更強烈地感受到自己與萬物的連結很深，也體會到與萬物合而為一的感覺，這種從未有的正面的能量與勇氣，讓我追求與自然和諧相處的方向更清晰了。

翹家追尋「森林長住」夢想

高中一畢業，我對在加拿大森林中獨自生活下來已經頗有信心，因為在過去幾年的準備當中，我已經掌握了多數北方森林中可食與不可食的植物。當時我也不反對肉食，但認為應該以更尊敬的方法取用動物所提供的營養與能量，所以對如何辨識動物的蹤跡，以及製作狩獵小型動物的陷阱，也都累積了些許經驗。

某天趁著父母不在家，我背起早就準備好的行囊，裝著幾項簡單而重要的工具，搭上巴士，朝著我早已選定的加拿大北方森林出發。當時我認為我的計畫完美無暇，既興奮又緊張地展開旅程。

我常聽台灣人說：「計畫趕不上變化。」午夜時分，當巴士行駛至加拿大邊境，熟睡中的我被加拿大邊界的警察搖醒，要我出示護照。自以為萬事具備的我，翻遍了行囊，就是不見護照的蹤影！

由於沒有護照無法進入加拿大，且當時我未滿十八歲，加拿大的警察不僅循線打電話通報我的父母，還親自目送我坐上一台回美國的巴士。沒想到，我打算在加拿大森林長住的夢想，竟然在自己的失誤下，很不戲劇性地破碎。

壯遊的夢碎之後，我在木雕、金工與陶藝創作中尋找出口。在那一段創作的時期當中，我開始思考自己身為人類，究竟應該扮演什麼樣的角色。

我很清楚自己不希望看到自然環境受到破壞，也回想起我曾經帶著一群孩子在自然中探索的快樂，漸漸覺得要保護環境似乎應該要改變一般人對大自然的看法，也需要改變人類的行為。雖然自知不善與人溝通，也對於改變他人沒有什麼信心，但經過那段時間的沉澱，我開始說服自己要進入社會，也從那時開始才有上大學的念頭與理由。

凡事想很多的我，常常不斷地思索自己在地球上的位置與角色。因此，我的身心靈三者是否能夠平衡，始終是影響我人生方向的重要因素。

身心靈混亂的年少歲月，或多或少影響我的大學求學過程，大一時父親說服我到一所昂貴的私立大學就讀，該校是當時威斯康辛州唯一一所提供和平研究的大學。在那裡學習到和平的理念，讓我初次領略到解決衝突的策略真的能改變人與其他社會群體之間的關係。而學習樸門永續設計之後，我也理解到社會關係也是樸門的重要精神。

環教課程，帶來一生重大改變

學校課程中有許多我喜愛的學習方法，包括露營、探索、體驗學習等，但在昂貴的學費壓力下，我決定轉到威斯康辛州立大學（University of Wisconsin）就讀。方向不變的我，選擇了以環境教育及自然資源管理著稱的史蒂芬角校區（Stevens Point）主修植物學。該校區是全美國首創環境教育學程的大學，至今都還是重要的環境教育大本營，我與我的太太——江慧儀、同事一起經營的大地旅人環境工作室，目前都還與該校的某些環境教育計畫維持著合作關係。

轉學為我的一生帶來了重大的轉變，因為六個月後，我參與了學校與東吳大學合作的文化交流計畫，初次踏上了台灣的土地。中文、太極與書法等文化學習就如同前世就已經認識，讓我有份難以言喻的熟悉感。而在台灣徒步旅行的一個月當中，農村、高山、人情風土都讓我驚艷。於是我下苦功努力學習中文，交了不少台灣朋友。這座島嶼也開始

荒野森林是向大自然學習的最佳場域之一。

讓我有家的感覺。我知道若要長久住在台灣從事環境工作，應該要完成學業，於是決定回到美國，進入了大學求學過程中的第三所學校——威斯康辛州立大學的總校區麥迪遜（UW-Madison）就讀。

或許由於在台灣的獨立生活讓我漸趨成熟、穩定，更清楚自己的人生方向，回到大學的學習對我來說變得非常的輕鬆，而我也相當樂在其中，尤其是對於環境研究、永續農業與土壤的課程，都對我日後從事環境教育及學習樸門永續設計奠定了基礎。這段期間，我與同學一起研究了威斯康辛州當時僅有的一個樸門農場——草原農場（Prairie Dock Farm），讓我首次有機會一探樸門永續設計是如何在農場當中實踐、落實。

麥迪遜校區是一個大型的國際校區，學生來自世界各國，在環境運動方面相當活躍，因此很容易找到志同道合、關心環境的友人。我經常參加與糧食、農業有關的環境行動或會議，也自己發起關懷都市擴張議題的行動，並常在週末熱鬧的農夫市集發傳單或向人解說都市擴張議題的重要性。對向來低調安靜的我來說，那是一段培養自我的過程。

學徒生活奠定有機耕作基礎

在一次有機農業的大會中，我認識了一位相當有智識、個性犀利且見解獨特的資深有機農夫大衛・彼得森（David Peterson）。大衛在當地算是個傳奇人物，一九六〇年代因為反對越戰，且經歷當時混亂暴動的社會，而決定回鄉過著耕讀與藝術創作的生活。

用低科技甩水機去除蔬菜上過多的水分。

我和我的有機農法老師大衛。

起初，大衛只為了自給自足，沒想到後來農園規模愈來愈大，種的東西愈來愈多元，有機農業也就成為他的主要收入來源。他的農產有些賣給大城市的高品質有機餐廳，有的則週末在農夫市集販售。

認識大衛時，正值畢業時節，我心中極度渴望能學以致用，而大衛也一直在尋覓能跟他合得來的學徒。或許是兩個一老一少的怪人湊在一起，比較能夠惺惺相惜，大衛接受了我這個學徒。一畢業後我就立即搬進了他的有機農園，睡在一間小倉庫的地上，展開了我充實忙碌的有機農業學徒生活，並且為農園創設了社區支持型農業（Community Supported Agriculture, CSA；見第一三四頁）。

當我學習了樸門永續設計之後，回過頭去思考大衛的農園，覺得楓樹有機農園在經營與設計上都已經頗為符合樸門永續設計的原則，只要再做些調整，就能成為很好的示範。

與樸門的相遇

結婚後，我與慧儀定居在台灣。當時我們住在台北縣郊區的一棟公寓，與自然唯一的接觸就是遠方的山、我在陽台上種的幾盆植物，以及屋頂上的蚯蚓堆肥箱。週末的郊山步道踏青還是無法滿足我對自然生活的嚮往，我也日漸難以忍受生活不自主的都會叢林，覺得自己被困住了。無法接觸到土地的生活讓我的靈性日漸黯淡，過去幾年好不容易累積的正面能量，正慢慢地消逝在與自然隔離的環境當中。

擁有四十多年有機農作經驗的大衛，對我來說是一部寶典。

有一天，一位加拿大籍好友來台北家中拜訪，面對同樣是住在台灣的外國人，我很自然地就喃喃抱怨起台北的生活讓我多麼地不開心，而不能動手過自主生活的日子又有多麼悲慘。好友在前一年剛好到澳洲上完樸門永續設計基礎認證課程，他聽了我一堆抱怨後，只輕輕地說了一句：「聽起來，你該去上上樸門永續設計了！」

你也可以過懶惰又認真的生活

友人臨門一腳的提醒，對其他人來說也許只是個不經意的建議，而對我卻是個人生的轉捩契機，讓我走進了與樸門相遇的人生。許多人問我，「為什麼選擇追求並實踐樸門永續設計？」甚至很好奇，「究竟是什麼樣的原因，讓你無論在生活或工作上，都能夠心無旁鶩地全然投入實踐與推廣這套設計學門？」

我想，簡而言之，是因為我有點懶惰吧！我想學習運用大自然的生態運作來過生活。當我逐步實踐累積更多經驗之後，發現透過自然界的各種功能，真的能夠幫助我滿足生活上的需求。也因為我很認真，希望能夠將自己取之於大地的資源回歸大地，做一個負責任的大地旅人。

歷經二十多年的尋尋覓覓，我很確信：「樸門永續設計提供了很聰明的設計工具，讓我能夠過著又懶惰又認真的生活。」

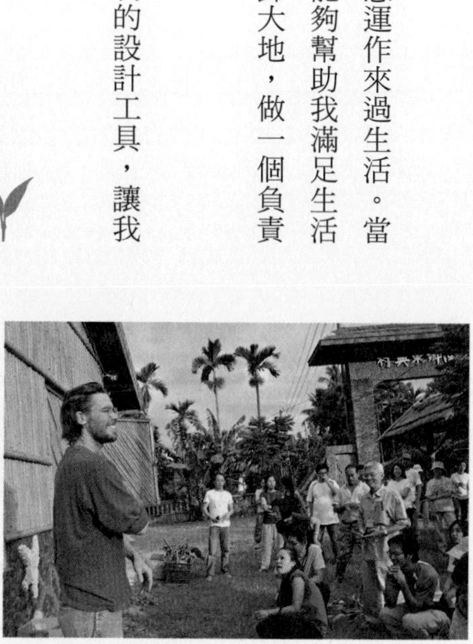

在台灣，也有愈來愈多的人想學習如何自力生活。

chapter 1

樸門的緣起與發展

當墨立森碰上洪葛蘭

一位是經常思考人類與萬物如何和諧共存的生態學者，一位是身體力行的永續生活實踐家。一段惺惺相惜的師生緣，竟擦撞出影響全球的永續生活運動！

我的樸門老師——傑夫・羅頓（Geoff Lawton，註）被公認為樸門永續設計的創始人——比爾・墨立森（Bill Mollison）的傳人。他曾說，樸門永續設計的農園可以解決世界上所有的問題（You can fix all the world's problems in a garden.）。

我們可以自己營造農園，拒絕使用農藥與化學肥料，用生物淨化來修復遭受污染的土地、處理使用過的中水，解決自己所製造的污染；甚至可以藉由在農園工作，接觸土壤、照顧植物，也同時療癒自己。

一座富饒的農園，讓我們可隨手取得生活所需的物質，同時解決對能源、食物、藥草的需求，又能重建土壤、涵養水源。也讓我們有機會透過分享多餘，重建人與人之間的互助關係，用自己的力量脫離貧富差距的社會洪流。透過農園，我們可以有機會向老人學習，重建消失、碎裂的傳統知識與技術。

而如果將傑夫所謂的「農園」重新詮釋，或放在不同的空間與文化背景中，則是我們可以藉由樸門永續設計的原則與知識系統，動手創造具有生產力的小花台、小菜園、大農園、植物園、生態化的公園、復育森林……，來達到相同的目標。

可惜的是，今天大多數人還沒有意識到，我們可以用正面、適當的方法來因應地球目前所面臨的系統性危機，因此人們缺少安全感，對於惡劣的環境感到束手無策，甚至對未來感到茫然無助，就如同年少時的我一樣。

註：

傑夫・羅頓（Geoff Lawton）是一位理論基礎札實且實務經驗豐富的講師與樸門設計師，並且被公認為墨立森最得意且視為重要的傳人。近年他由墨立森手上接手主持澳洲樸門研究機構（Permaculture Research Institute）。

在本書當中，你會發現我不斷強調，樸門永續設計的發展早已超越農耕，但傑夫的說法其實是樸門永續設計強調的是用正面方法來解決問題！而且，是要我們從當下開始，藉由實際行動來發展與自然和諧共處的設計，解決生活中的疑難雜症，同時降低生活對環境的影響。

我發現，自從走入了樸門的世界，我沒有時間憂慮，只能不斷地前行。現在就邀請你，一起來認識樸門永續設計！

開闢學校農園，教導下一代重要的生存技能，可成為學校課程的一部分。（圖中英文：兒童菜園）

一對師生，碰撞出全球的永續生活運動

源自澳洲、影響世界的樸門

「Permaculture」於一九七〇年代，發源於澳洲的塔司馬尼亞島（Tasmania），是由兩個師生——比爾・墨立森（Bill Mollison）與大衛・洪葛蘭（David Holmgren）的相遇所萌發的全球永續生活運動。

這個字是由permanent（永久的）、culture（文化），以及agriculture（農業）所組成的英文字彙，已經在全球上百個國家廣為周知。之所以會用這三個字，與其早期以創造出多年生的農業系統為目標息息相關，而且人類的文化也大多蘊藏在施行數千年來的農業系統當中。

「Permaculture」約莫在一九九八年前後被引進台灣。曾被中譯為「永續生活設計」、「永續栽培」、「樸門學」或「樸門農藝」。本書選擇採用「樸門永續設計」之中譯名，用意在於兼顧音譯或意譯，希望傳達出這是一套用來支持人類永續生活的設計系統。

樸門永續設計的創始人之一——墨立森，在年輕的時代曾積極參與環境行動，他具有漁夫、老師、森林學家、獵人、發明家和田野自然學家等多重身分，更是一位經常思考人類與萬物如何和諧共存的生態學者。

一九六八年，四十歲的墨立森在塔司馬尼亞大學擔任講師。在當時，塔司馬尼亞島可說是澳洲永續思潮的發展重鎮，這個工作崗位提供了墨立森許多在森林野地觀察生態系統運作的機會，讓他思索如何善用生態結構與自然運行模式，來達到人類與自然共榮相處的可能性。這也是為什麼樸門永續設計，其實是一門強調「整合性設計」的「應用生態學」。

模擬自然是樸門發想的原點

墨立森之所以會有從觀察生物間的互動關係，思索人類如何模擬其運作的創見，當然並非偶然。早在一九五九年，墨立森在雨林裡，觀察一種以嫩葉為食物的有袋動物在雨林中進食的過程，便有了樸門永續設計的發想。

他曾在日記上寫到：「我相信，人類應該可以發展出與此一功能一樣好的系統。」雖然這只是個尚未被深入發展的靈感，但當墨立森回憶起寫在日記上的這句平凡無奇的話，認為這是打破他過去被動觀察模式的關鍵點，引導他進一步去思考，人類其實可以主動創造類似的系統以求生存。從被動分析到主動管理，甚至主動創造的差異，是樸門永續

墨立森認為，藉由學習自然，人類可以創造並改善自己的生存系統。典匠／提供

設計關鍵的萌發點。

在隨後的三年間，墨立森進一步地發現，他所觀察的兩種有袋動物，加上約二十六種植物之間，就可以產生相當複雜的互動與依存關係。因此，促使生態系具有韌性的關鍵因素是系統中成員之間的互動關係。這樣的韌性，使得生態系能夠在各種外力因素的變化之下（例如氣候），仍能維持某種程度的穩定性。

也就是說，生態系中成員的多樣性愈高，就愈有抵抗力與韌性。如同栽種單一物種的農地與多元物種栽培農園之間出現的差異，通常單一種植的農地在遭受病蟲害攻擊時，作物容易快速地被害蟲一掃而空；相對的，在多元種植的農園裡，因為生態系較健康，較容易有「螳螂捕蟬、黃雀在後」這種一物剋一物的食物鏈關係存在，自然比較具有抵抗外力的能力。

墨立森曾指出：「……藉由學習自然，來創造人類的生存系統，或試著改善系統以獲得更高的生產力。」由此可知，墨立森就是認為人類可以模擬生態系。在系統建立之初，任其展現出演化的過程，並視情況進行管理，增加或減少系統中的成員，然後持續觀察整個過程。如果經營得當，此一模擬自然的系統將能夠持續生產、改善。同時，隨著系統愈趨成熟，所需投入的能源將會愈來愈少，漸漸能夠自我支持。

由於墨立森繁重工作的生涯，他並沒有投身去建構一個模擬自然的系統。直到一九六七年墨立森讀到環保組織先驅羅馬俱樂部（由世界知名科學家及經濟學家所組成的）的報告，上面這麼寫著：「由於人口增長和對資源的過度消費，環境惡化是不可能避免的結果。」

墨立森讀完那份報告之後，心想：「人類真是太愚蠢、又太會破壞環境了！我們做什麼也沒用。」他和一群試圖將社會從利益導向昇華為價值導向的有志之士，儘管嘗試了組織環保抗議行動、反戰、創立公社生活等各種方法與途徑，卻還是無法創造出一條正向的未來之路。

他也察覺到這世界很怪，人類從來沒有把知識應用在實際的生活中，舉凡生態學家從來沒有好好把生態學運用在生產食物的農園裡，建築師不曾了解建築物的熱能傳導，甚至物理學家搞不定自家的能源系統……。

他曾一度想要遠離世俗，乾脆看著人類社會崩塌算了。然而，大約三個星期之後，極深的憤怒促使他意識到，他還是必須回到社會，必要時進行反抗。

幾經輾轉反側，墨立森受夠了這個世界充斥的壞消息，便積極地追尋正面的解決之道。他回想起自己在日記中所寫的那段無心插柳的話，如果人類能夠創造模擬自然生存的系統，也許真的能營造出人間伊甸園！之後，墨立森愈想愈深遠，發現自己愈來愈能夠看見未來的樣貌，不僅是短暫可見的未來，甚至是人類長久的遠景。而這樣的遠景就在他日後與洪葛蘭相遇後，迸發出強大的火花。

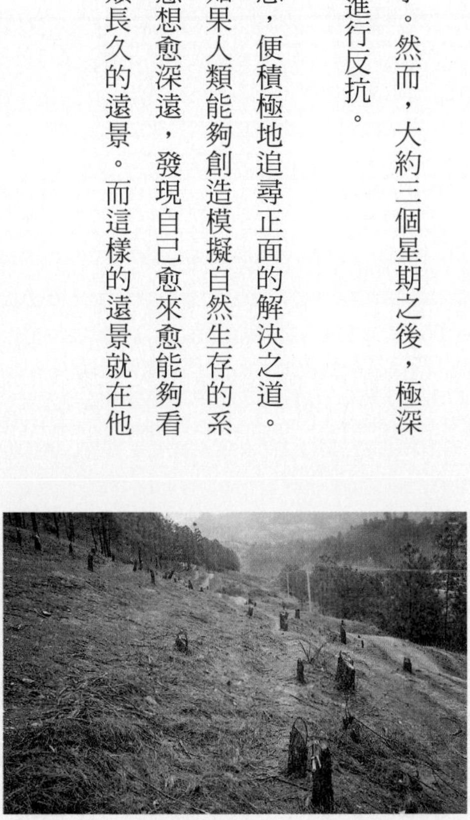

樸門設計追求的不是純淨的土地，而是即使面對受創的環境也可以用正面的方法來解決問題。

集自然與人文、傳統與現代大成的墨立森

傳統農耕保有豐富的智慧

洪葛蘭曾這麼描述墨立森：「……他的生命與思想如同一座創意的橋樑，連結了自然與人文、傳統與現代。」的確，初期墨立森花了許多時間在世界各地岌岌可危的傳統聚落中，尋訪、記錄傳統的生活系統與生態智慧。他從世界上上千年文化的經驗中，擷取實用又有效的作法，加上現代科學的生態知識，進一步發展樸門永續設計。

墨立森曾到過希臘，發現種葡萄的老婦人，總是在葡萄旁種植玫瑰。婦人說：「玫瑰是葡萄的醫生。假如你不種植玫瑰，葡萄就會生病。」而以科學方式來表達，其實是玫瑰根部分泌出某些化學物質被葡萄根系吸收，進而能驅避白粉蝨等害蟲。

在菲律賓，墨立森曾遇到一位男子，他總在香蕉根部附近種植四棵豆子和一株辣椒。墨立森問他：「你為什麼把辣椒跟香蕉種在一起？」他說：「你難道不知道混著種這些東西是天經地義的嗎？」後來，墨立森歸結出其中的道理：豆子可以幫忙固氮，而辣椒可以防止甲蟲攻擊香蕉根部。

墨立森發現傳統知識總是透過類似的語彙被流傳、保存，只要去記錄，了解箇中道理，會驚訝於傳統的農耕系統保有豐富驚人的智慧。

與自然合作，而非對抗自然

墨立森曾說：「樸門永續設計的哲學是與自然合作，而非對抗自然；是透過長期且縝密的觀察，而非缺乏思考的行動；是關心環境系統的所有功能，而非只是一味要求生產；是讓環境系統展現他們自身的演替。」

樸門永續設計中的重要概念之一——食物森林（見第一六一頁），就是著名的例子。幾千年來，峇里島村子中的人們在住家旁邊的食物森林裡，取得生活中所需要的燃料、草藥、食物、工藝用的素材，當然也能與森林中的動物共享這個看似自然的人為系統。

這些在水稻梯田的邊緣，一座座看似自然的小森林，事實上都是模擬自然演替、經過人為經營卻又不需太多維護。因此，墨立森相信，只要人們學習與自然合作，放棄一心想要改變自然、控制自然的想法，讓自然來作功，就不需要再疲於奔命，人類的生活也將變得更好，達到最佳的能源使用效率與再生性。

師法自然的樸門農園，是善用環境的自然演替，創造高生產力。

現代人都有責任從消費者再次成為生產者

早期，樸門永續設計的目標之一是「有意識地設計與維護一個具有農業生產力的人為生態系，這樣的生態系保有自然生態體系中的多樣性、穩定性與韌性。」之所以會有這樣的主張，是看到現今大量仰賴農藥化肥的商業化食物生產系統，讓土壤品質以驚人的速度逐漸惡化，全球食物供應系統也成了高耗能、高排碳的經濟活動。尤其，許多食物生產的系統都犧牲了其他生物的棲息環境、破壞了生態平衡。

因此，若要改變世界的現況，現代的人類有責任從消費者再次成為生產者。無論是一個陽台、數十戶的公寓、數百人的社區甚或數百萬人的城市，都應設計食物生產的系統，才能降低目前食物生產的能源消耗，以及對環境產生的連鎖負面影響。

然而，要巧妙運用自然、模擬自然，以永續的方式提供人們食物、能源以及其他物質與非物質的需求，首先需要從認識氣候、水文、土壤、植被、動物等大自然裡的各項元素開始，進而了解它們彼此之間的關係及運行法則，把它們運用在人類社群的生活設計之中，包括住所、水、食物、能源、生產、人與人之間的關係、經濟模式、社會正義等與人類生存有關的各個重要面向。如此，才可能和諧地整合人與土地，並且持續地從中學習生存的智慧。

人人都有能力參與生產食物的過程。

許多問題都能用常識來解決

樸門發展運動的早期推動者之一，羅賓・法蘭西絲（Robyn Francis）形容墨立森是一位貫徹「坐而言、不如起而行」信念的人。與其等待政府的金援，只要墨立森認為該做的，無論如何他都會立即想辦法開始行動，因為樸門永續設計就是教人自力更生、不依賴制度、平靜的顛覆性運動。

墨立森總是將問題看成解決之道的正向思考，這也是許多人深深被他吸引的原因之一。早在三十多年前，樸門永續設計草創時期，墨立森就曾受邀於政府單位擔任顧問，針對衛生下水道的沈澱池提出建議。墨立森建議利用下水道的廢水來生產植物，藉此創造對城市環境有用且珍貴的有機質。因為植物不僅可以過濾污水，也可以回歸土地，並且製造土壤。這個建議獲得當地政府的接受，因而創造出具有生產力的下水道系統。這是一個運用可再生資源的服務來解決問題的實例。

被喻為永續發展先知的德裔英國經濟學家舒馬克（E.F. Schumacher）曾說：「一流的工程師將設計簡化，只有三流的工程師才會將設計複雜化。」這句話讓我想到墨立森。他不僅是一位科學家，同時是一流的設計家，他的設計往往是聰明而巧妙到讓人讚歎，卻又常讓人認為，明明很簡單，為什麼沒有人想到過？墨立森自己也曾說過：「許多世界的問題都能夠用常識來解決，但光是讓人學會用常識解決問題，就是一大革命性的行動。」

永續生活理論與實踐兼具的洪葛蘭

與墨立森惺惺相惜，激盪出前無古人的設計系統

樸門永續設計的另一位創始人——大衛・洪葛蘭（David Holmgren）來自一個前衛的家庭。在一九七四年，洪葛蘭與墨立森相遇的時候，年僅十七歲。

他在研究環境設計的過程中，對於工業化社會各領域的切割感到不解，於是向許多教授提出一個問題：為什麼當今世界的各個領域都壁壘分明，諸如建築師、景觀設計師、農業與其他行業的人無法用同一種語言溝通？唯一聽懂他的疑問的人，就只有墨立森。

惺惺相惜的倆人，在那段時間頻繁地互動與對話，激發了樸門永續設計的概念，並成為此一設計系統的骨架。之後，墨立森和洪葛蘭便在一起密集地工作，激盪出這個前無古人的跨領域大地科學。

在樸門永續設計初期概念形成，並著書立論不久之後，墨立森和洪葛蘭兩位創始人因為個性不同，選擇了不同的推廣方式。墨立森開始積極到澳洲及世界各地推動樸門永續設計，將這套設計系統傳授給需要援助的人們。他成立了塔家利出版社（Tagari

Publications），自己發行相關書籍，並組成樸門永續設計研究機構（Permaculture Research Institute），成為培訓樸門學生的大本營。

以身作則，徹底將樸門的理論落實

洪葛蘭則回到他的家鄉美利歐多拉（Melliodora），展開將近三十年的實踐歷程，創造一個樸門永續設計的農園，並主導了數個設計案。期間他撰述了無數的文章，發表他對樸門永續設計的研究與看法。

在風起雲湧的永續運動當中，洪葛蘭最受人崇敬之處，在於他徹底將樸門永續設計的理論落實，以身作則，讓人們相信永續生活型態是可行的、吸引人又有影響力的。一九九〇年代，洪葛蘭主導了佛萊爾森林生態村（Fryers Forest Eco-village）的設計與管理。

洪葛蘭對於永續發展的熱情不僅體現在真實生活上，他也是個熱中於思考及形塑哲學的思想家。二〇〇二年起，洪葛蘭較頻繁地受邀演說，同時出版了《樸門永續設計：超越永續與原則之路》（*Permaculture: Principles and Pathways Beyond Sustainability*）一書，將樸門永續設計的範疇與哲學擴展到更深的層次。近年也出版一本名為《未來的樣貌》（*Future Scenarios*）的書，來探討社區如何面對產油頂峰期與氣候變遷的未來。

墨立森與洪葛蘭兩人對樸門永續設計的貢獻方法雖不同，卻一樣重要。

樸門的願景是與萬物和諧共處、共榮。典匠／提供

樸門永續設計席捲全世界

將能量用在捍衛對的事情

一九七五年，墨立森首次接受國家電台訪問，暢談樸門永續設計。由於尚未領教過媒體的影響力，他不小心在廣播中留下自己的地址，之後，竟收到數千封的聽眾來信。墨立森從這些信件中發現兩個重要的訊息，一是超過半數的信來自女性聽眾，她們表示，樸門永續設計似乎是她們可以真正投入去做的事情。另有約百分之二十的聽眾表示，墨立森說出了他們長久以來的心聲。這浪潮般的迴響，讓墨立森更加確定，人們已經準備好了，樸門永續設計的時代已經到來。

一九七八年是樸門歷史中重要的一年，墨立森與洪葛蘭共同出版了《樸門永續設計首部曲：人類聚落的多年生農業》（*Permaculture One: A Perennial Agriculture for Human Settlements*）一書。該書的編輯泰瑞・懷德（Terry White）說道：「人們之所以會對墨立森的訴求難以抗拒，是因為墨立森捍衛他認為對的事物，而不是將能量用在反對。」（……he stood for something rather than against things.）

雙手的力量可以創造富足的家園。

同年，名為《樸門永續設計》（*Permaculture*）的雜誌也正式登上舞台。而這個世界性永續生活運動的首次設計課程，於塔司馬尼亞島上舉行，並造就了許多日後傳播樸門永續設計的重要力量。

一九七九年墨立森出版《樸門永續設計二部曲》（*Permaculture Two*），將內容著重在「設計」。一九八一年，即便對這個運動來說仍是濫觴期，墨立森已得到國際世界的認同，獲頒另類諾貝爾和平獎（Alternative Nobel Prize）。在頒獎典禮上，墨立森說：「我的一生當中，我們人類一直在向大自然宣戰，我衷心地希望人類是戰敗的一方，在與自然的戰爭當中，沒有任何一方是贏家……。」

開枝散葉，成了澳洲著名的「出口智慧」

一九八〇年代，樸門永續設計的思潮在澳洲開始受到歡迎，除了墨立森之外，早期推動者包括羅賓法蘭西斯及水晶生態村（Crystal Waters）麥克斯・林格（Max Lindegger）都開始教授樸門永續設計專業課程，成為第一代樸門設計師與教師。日後，隨著一代代學習者的拓展與實踐，此一設計系統甚至成為澳洲著名的「出口智慧」之一。

一九八四年第一屆國際樸門永續設計大會在澳洲舉行，並為專業設計課程的必修內容訂立出國際共識。一九八七年由羅賓擔任總編輯的《國際樸門永續設計季刊》（*Permaculture International*）成為澳洲主流刊物之一。羅賓也成為樸門永續設計的重要

2009年，羅賓法蘭西斯女士二度來台灣教授PDC課程。

推手，培訓了許多重要的第二代講師與設計師，包括暢銷各國的《地球使用者的樸門手冊》（*Earth User's Guide to Permaculture, 1991*）一書的作者蘿絲瑪麗・蔓羅（Rosemary Morrow）等人。

之後，樸門永續設計席捲全球，諸如英國、紐西蘭、尼泊爾、尚比亞、印度、丹麥的許多社區、南美洲的熱帶雨林、非洲的喀拉哈里沙漠、瑞典的斯堪的納維亞半島北部的極地等幾近世界各國，都有個人或團體開始行動，並進行國際串連，展現且推廣樸門永續設計方案來解決現代文明問題。

在我看來，樸門永續設計如同編織的線，將人類生活需求的眾多面向編織在一起，成為一個面，而無論是商業、法律、家庭管理、農業等所有的領域都能夠運用。因此舉凡自己修復土壤、生產食物、經營社區支持農業、研發對地球友善的適切科技、營造自然建築、組織社區貨幣系統、消費與勞動合作社、以物易物的社區經濟制度等，都是在創造理想中的永續生活模式。

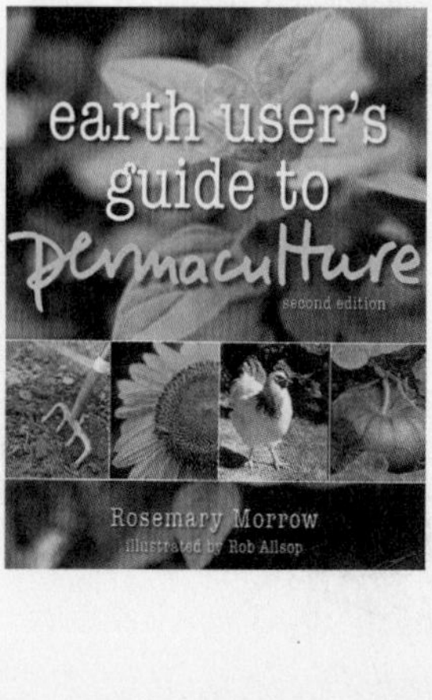

暢銷各國的《地球使用者的樸門手冊》也即將在台灣上市。

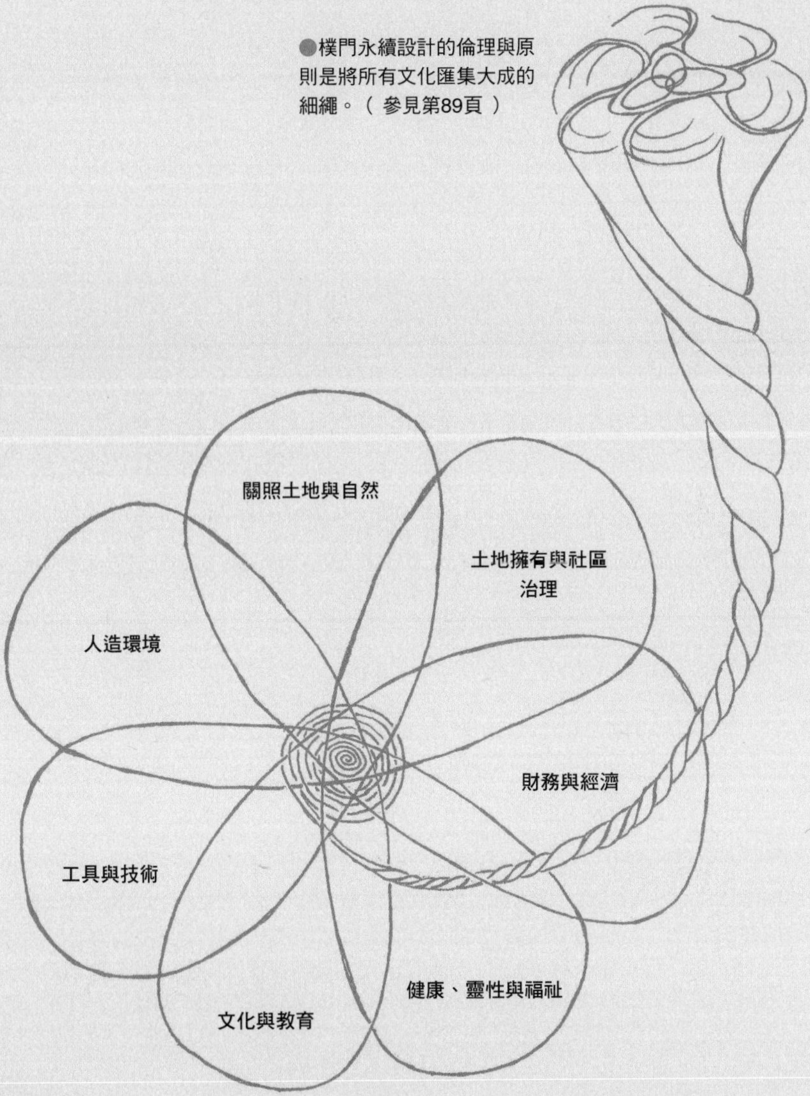

●樸門永續設計的倫理與原則是將所有文化匯集大成的細繩。（參見第89頁）

當我們不斷編織新繩製作一個文化之籃的時候，原則也可能隨之演化。

籃子編得愈強韌愈完整，我們就愈能留住五個重要元素：能源、水、土壤、生物多樣性以及傳統智慧。我們這一代的終極目標，就是修復並強化這個籃子，以讓我們成就可再生性的世界。

chapter 2

樸門的精神

以大自然為師

墨立森與洪葛蘭創立的樸門永續設計，強調與自然合作，而非對抗自然；學習將自然界的功能以及與生俱來的美感融入在設計之中，以達到最高的效益。

墨立森與洪葛蘭在草創樸門永續設計之時，提出了照顧地球（Earth Care）、照顧人（People Care）、分享多餘（Fair Share和其他人及其他生物，分享多餘的時間、金錢、資源等等）三個倫理。也許有人會問，這三個倫理，還真是陳腔濫調，究竟特別在哪裡？

對我來說，應用這三個倫理並不難，無論在社區生活、工作職場、購買生活必需品或在設計工作展開前，我都會問自己是否有考慮到這三個倫理。

想想我們住的房子，就可以看出這三個倫理的影響力。當一位建築師在倫理的引導下去設計他的作品時，會悉心將這棟建築視為一個活生生的有機體，考量建築材料的生命週期，包括來源、加工過程、建造過程對環境的衝擊與影響之外，會盡可能以封閉、循環型的資源利用模式建造，使其降低甚至不產生廢棄物，並且以人為本，考量人與人互動的難易度、未來居住者是否能在此建築物之中快樂安居，以及社區範圍是否能夠與附近動植物分享和諧環境等重要因素。

相反地，一棟缺乏倫理引導的建築物，考量的是材料便宜、易取得、易建造為優先。建造過程與居民所產生的廢棄物，很可能是眼不見為淨。對於人，往往只考量隱私、防備他人入侵的門禁安全，無法輕易與鄰居往來互動。更別說為大自然留下生存空間了！事實上，這不正是現在社會中多數門禁社區的寫照？

除了建築之外，生活中許多物品的設計與製造也可以應用這三個倫理的指引。時下流行

「照顧地球」即是「照顧人類」，兩者缺一不可。

的服裝、愈來愈多台灣人愛喝的咖啡，如果仔細思考這些物品的來源，選擇有機棉衣、有機咖啡可以大大減少農藥、化學物的使用，將降低農夫、採收的工人、加工廠員工暴露在有毒環境的機率，還能同時保護土壤以及消費者的健康。如果這些物品的買賣都能夠用公平的貿易方式，讓農人、加工製造者都得到合理的報酬，在交易的過程中沒有人被剝削或受到不公的對待，那麼照顧地球、照顧人類與分享多餘這三個樸門永續設計的倫理就不會被視為不可及的高調，而這世界也將愈來愈適宜人居了！

樸門小百科

樸門永續設計的三個倫理

照顧地球：包括照顧地球上所有的生物與非生物，例如土壤、空氣、森林、微生物、動物、水等等。如果我們不善待地球，當地球的生態系平衡出了問題，勢必無法提供人類乾淨的水、空氣與食物。透過無害的人類活動、主動的保育、資源節約或從事對地球有益的工作，都是實踐這個倫理的方式。

照顧人類：樸門永續設計尊重所有的生物與生俱來的價值。人類雖然僅僅是地球上整體生態系統中的一小部分，卻扮演著決定性的角色。地球上所有的人類都應該能夠取得基本的食物、有庇護的所在、有發展自我的機會，並從事自己喜歡的工作。因為，如果我們不快樂，很可能就沒有意願照顧地球或其他生物。因此，照顧人類其實也是在照顧地球。

分享多餘：樸門永續設計希望設計出更符合公平正義的經濟系統與社會環境。當我們滿足了基本的生活需求，任何多出來的資源、金錢、時間與能量，都應該回過頭來投資在照顧地球和照顧人類這兩項倫理上。讓地球資源獲得合理分配，方法包括減少消費與人口，如此一來，才能公平地和其他人及其他生物，在這個有限空間的星球上共存共榮。

師法自然是樸門的活水源頭

做一個謙卑的大自然門徒

如果你曾到過西班牙的巴塞隆納，欣賞過建築藝術大師高第（Antoni Gaudí）的作品，相信會很容易理解「師法自然」的意思。高第的作品大量運用了大自然所給予的靈感與啟發，他深知在自然界的有機體當中，沒有所謂的直線。他研究自然元素的結構，成為設計建築結構的原型，諸如共軛雙曲面、拋物面、擠壓的蜂窩狀、螺旋、波浪等形狀。這些自然模式有些呈現高度的能量傳遞效益、高空間效益，例如螺旋狀的階梯；有些是穩定強健的自然結構，例如樹幹分支狀的立柱與蜂窩型的窗稜等；有些則源於自然界純粹的美感，例如波浪狀的屋頂。

高第被喻為大自然的門徒，他曾說：「懂得求助於自然法則的創作者，是造物者的合作夥伴。」（Those who look for the laws of Nature as a support for their new works collaborate with the creator.）而墨立森與洪葛蘭似乎就是高第口中，造物者的合作夥伴。

師法自然是樸門永續設計的重要精髓。因此，在一套完整的設計認證課程當中，繼倫理

被喻為大自然門徒的高第，作品中大量運用大自然的元素。典匠／提供

自然模式中的形狀背後，有其功能。
（左一）黃信瑜／攝
（右一）典匠／提供
（右二）劉德輔／攝
（右三）典匠／提供

與原則之後，最基本的入門主題就是「自然模式」了。這裡所說的「模式」，就是自然界所使用的語言。我的許多樸門同儕都認為這個主題讓他們眼界大開，如同換上了一副新的眼鏡般，當他們走出教室之後，自然界中的一景一物都變得更清晰了；這不但讓他們更能夠理解並尊重自然界每個個體的存在，也發現其共同點就是每個自然界的成員都有各自獨特的姿態與性格。這樣的驚喜與發現，我一樣感同身受，每當與人分享，就更加讚歎「自然模式」所蘊藏的奧秘。其了不起的組織、結構、效率，雖然是人類任何設計無法企及的境界，但人們是可以藉由觀察、理解、模仿與應用來改善設計的。

「自然模式」令人眼界大開

認識「自然模式」最好的方法，就是走進自然中觀察。看一看、想一想，為什麼河流是蜿蜒的？為什麼蜂窩的結構呈現六角形？為什麼葉脈、植物的根系、閃電、人類的血管都是分支的形狀？為什麼有些果核看起來很像人腦？為什麼在人類DNA、蛋白質、澱粉、纖維素、空氣、風的吹動、水的流動、樹木以及許多動物與昆蟲的身上，都可以看到螺旋的模式？為什麼紅蘿蔔、洋蔥的花是繖型的爆炸模式？

這些自然模式所呈現共通的自然語言有什麼意義、有什麼功能？與能量的傳遞有什麼關係？如果進一步理解這些自然語言，就會知道他們是人類可以用來與周遭世界和諧共處並提高生存能力的語言。

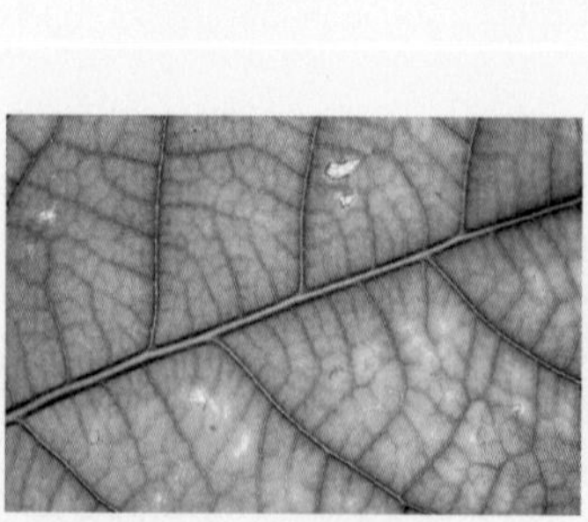

這些自然模式在告訴我們哪些訊息？（左）典匠／提供

樸門永續設計，由衷崇敬自然界的功能以及與生俱來的美感，更試著學習將它們融入在設計之中，以達到最高的能源效益。

螺旋花圃雖不是樸門的發明，但也是一個應用自然模式的例子。不同的植物可以種在一個直徑約兩公尺寬、高約一公尺向下迴旋的花圃。植物的選擇與栽種位置主要依據不同的微氣候需求（陽光、水、風）來決定。較耐旱的植物通常種在最上方，耐濕的植物則種在螺旋的最下方。這樣的設計，加上花圃適切的大小，讓種植者可以一次澆灌到所有的植物，發揮省水、好照顧的功能。

你的菜園是一本書，還是一幅畫？

一座菜園的設計，也可以應用自然模式。相信八〇%以上的人，會認為一排排長條型的菜圃是理所當然的。然而，誰告訴過我們，菜圃一定要是一排一排的呢？

我在陽明山平等里實踐所學、開闢菜園時，就盡量效法自然模式，但被附近的農夫說成雜亂不堪。因為絕大多數的農夫，早已被一排排的菜園制約，看不出來我的菜園的形狀、線條與邊界在哪裡。然而，我那看似有點雜亂的菜園其實是多樣性高的，而且曲折的自然路徑，只要跨幾步路就能進入一座充滿生命力與生產力的豐饒樂園，輕易地照顧到所有的植物。

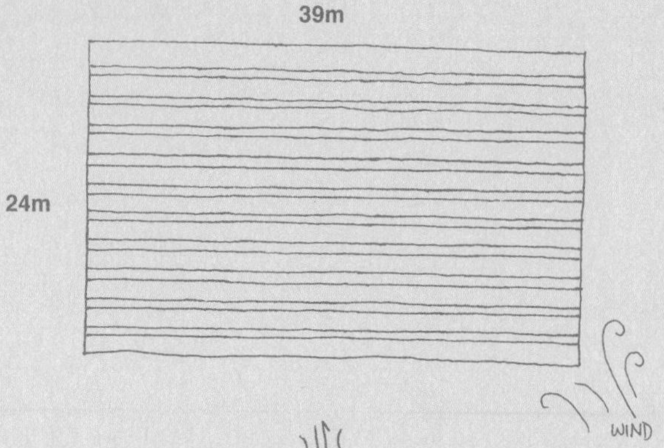

24x39 = 936m²
植物：666m² (72%)
路徑：270m² (28%)

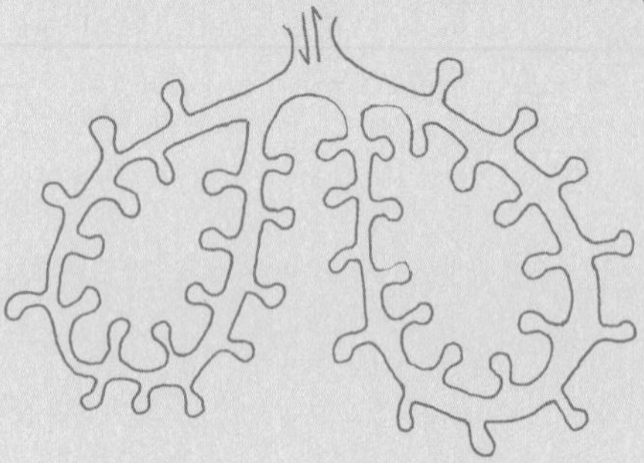

探索肺葉中的自然模式——空氣，如同農夫將園子所需要的材料運送往來每個地方
– 有效率的表面積氣體交換

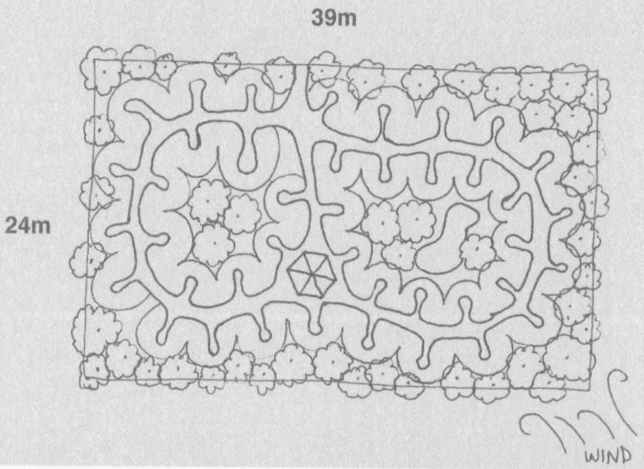

24x39 = 936 m²
植物：761m² (81%)
路徑：160 m² (17%)
池塘：8m² (1%)
涼亭或工具室：8m2 (1%)

善用自然模式的設計能夠：
- 較有效益
- 多元種植
- 有趣
- 具有美感
- 反應環境特性

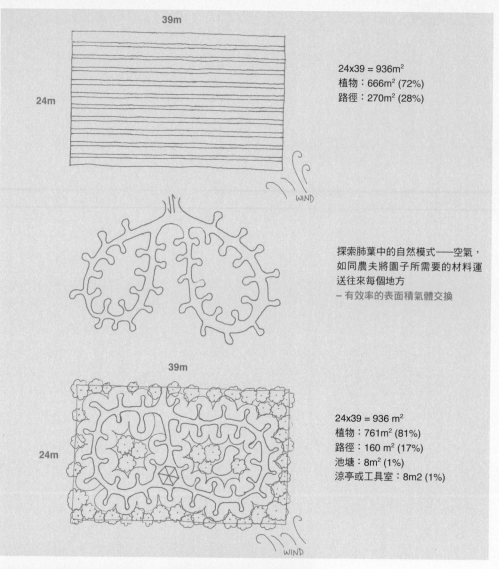

效法自然模式的菜園，具有高能源效益又省空間，因為在同樣大小的土地上，一座仿照人體胸腔肺葉結構所設計的菜園，會比傳統式一排排的菜園，減少通道上的空間浪費，可種植的作物數量比直線設計的菜園高出許多，生產更多食物。同時，還能讓農人就像在肺葉裡的空氣般來去自如，在維護與採收時都更有效益！而由於有效利用，空間的釋出，就能保留更多空間，成為高生物多樣的自然野地。

自然的房子，讓人靈魂起舞

人類也是自然生物之一，但經常忘卻如何使用自然語言，比方說截彎取直的河道，就是沒有思考河流的語言模式所造成的結果。現代人絕大多數所住的房子，多半用了又平又硬的表面，並且絕大多數採用直角來設計。

其實，房子不一定要是正正方方的，圓形的可以更有效地促進空氣對流，更有絕佳的冷卻效果。然而，我們對於直線、直角的設計早就習以為常，箇中原因，也許是人類早已失去了與自然模式間的連結，不會注意大自然中其實很難找到真正的九十度直角。

二〇〇七年，我和慧儀參加了為期十二天的自然建築大會，來自全美各地從事自然建築的男女老少相聚一堂，分享對環境的理念，也提供案例、工法教學，包括手造粘土屋、土袋工法、夯土、木屋、稻草磚等手法。

小至藝術品創作，大至蓋一棟房子，都可以從自然中得到靈感。
（左）典匠／提供

十幾天下來，舉目所見到的屋簷、柱子、牆面都是由自然柔和的線條所組成，雙手所觸摸的泥土、稻草、木材等取之於大地的自然素材，讓我的身心靈彷彿也得到了療癒，我感覺到我的靈魂跟著建築物起舞了。

找回對自然模式的敏感度與應用能力，需要一些時間培養與練習觀察，但人類是自然的一部分，自然模式的召喚可以很快地打動人心。在浸淫於純然的自然建築洗禮一段時間後，再見到城市中的現代建築時，我深深地感覺到，那些直線與光滑表面構成的建築體，就是少了一些大自然造物者所賦予的靈魂，很難讓居住者獲得身心靈與自然合一的能量。

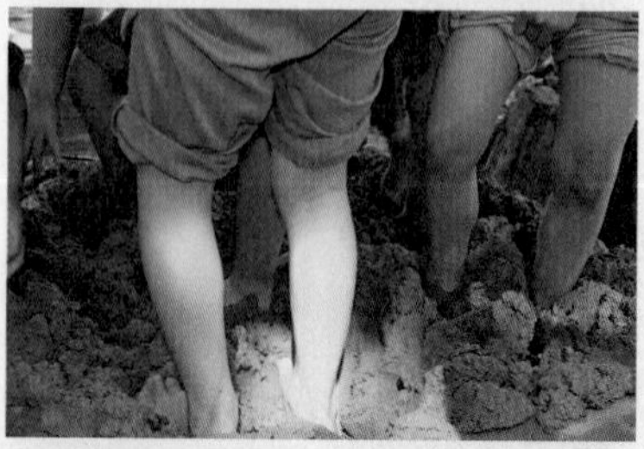

不同天然材料引導著不同建築的形態與模式，我們不一定要用直線來蓋房子；使用天然材料也影響人與人之間，工作、組織的模式。
（上一）林雅容／攝

市集可以蜿蜒如小河

自然模式的應用無所不在，即使是一個市集的動線，也可以參考自然模式來設計。我初次參與台中的合樸農學市集時，剛巧碰上他們在台中綠園道的特別活動，當時市集動線巧妙地利用類似河道天然蜿蜒的模式，使得人潮在無形之中就彷彿河水的流動般放緩了腳步，讓興之所趨的人們可以多面向瀏覽，不需要心急得東張西望，或是只當個迅速通過的消費者。雖然事後得知，攤位擺設的規劃純屬一場美麗的意外，還是讓我大為激賞。

在人體內，也可以發現彎彎曲曲的自然模式，那就是腸道。食物在經過腸道時，許多養分就是藉由緩慢的蠕動被人體吸收。誠如合樸農學市集創辦人陳孟凱所言，市集的運作理念在於放慢現代人的生活步調，使人們重新好好吃飯、好好成長與好好生活。那一次合樸農學市集類似蜿蜒河道的攤位擺設，不但增加了每個人通行市集的時間，也因此增加了人們放慢腦筋轉速、使思緒可如淤泥般在當下沉澱、聚焦的可能性。

當天的市集，每個彎道動線的內凹處，正好可以安置四戶農家或組織，並同時展示海報來介紹這些特色小農或團體。市集的場地雖然不大，但卻提供消費者採買與消磨時間的好去處，市集還貼心設有亭棚供民眾託放物品。這是個很棒的場域，讓有別於主流的許多有機小農，可以在此賺得合理的報酬、巧遇志趣相投的朋友，還能贏得消費者對於他們裨益環境與社會的認同。

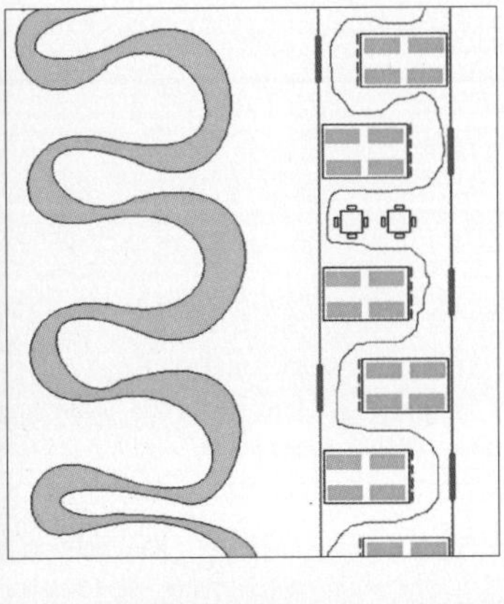

某次合樸農學市集類似蜿蜒河道的攤位擺設。

街道是服務人還是車輛？

街道的設計，也可以模仿自然模式。從許多古城鎮的地圖可以發現，當時的街道設計與格局規劃，多半是放射與分支狀的網絡型街道，是依照人的角度與尺度設計的，人可以在各個小巷弄間穿梭，走路就可以抵達生活所需的活動範圍，讓人與人、或是人與環境的互動頻率，也就提高了許多。另一方面，由於分支的路網，也比較不會遇上某條主要道路老是堵塞的窘境。

以我曾到過的地方，比較符合自然模式的街道，是花蓮的玉里鎮，雖然開車無法很快速地在其中移動，但食衣住行育樂的需求都可在走路、騎車的範圍內獲得基本滿足。這使得居民比較容易找到認識的人，人與人之間的關係就相對地較為緊密。而走出玉里鎮最熱鬧的中心後，也會發現玉里人被綠意環繞，很容易取得生活所需的自然資源，包括菜園、木頭、竹子、樹枝以及各種民俗植物等。除非是非常特殊的需求，無論你需要什麼，不必要勞師動眾，耗費大量外來資源才能取得，這就是一個比較符合自然模式、以人的尺度設計的城鎮。

相較之下，現代超級大都會的街道，是為了車輛，以及快速抵達某處而設計，在高速移動的環境下，你可能每天都錯過了許多熟人，以及能夠服務你或提供你資源的人。也因此，大都市生活看似方便又充滿最新資訊，但能取得的卻是某些特定類型的資訊，從許多其他角度來看，並不是最有效益的生活模式，每次為了取得某種服務，得要繞到離家

如果你住在圖上的一角，而你的朋友住在另一角，你會如何設計，讓這個城市更友善、更適宜人居？樸門永續設計會思考如何在自然界中找出可以應用在人類社會的模式，以達到較高的能源效益、食物自主性與抵抗災害的韌性。

好幾十公里的地方去尋找。

還記得慧儀隨我回美國暫居的兩年，她最無法適應的就是財團大賣場的採購文化。無論在哪個城市，大賣場都位居城市邊緣，其動線自然都是為了車輛而設計，可想而知，即便每次想採購的東西可能只有區區幾項，卻得繞著賣場一大圈，花上至少一小時。因此，為了支持社區經濟、提高採購效率，我們盡可能在社區的有機消費合作社採買生活用品。

當時，慧儀常想念台灣往來頻繁、熱鬧又方便的傳統社區街道。一間間的小店或攤販，只要願意努力，可以養活一家人。熱絡的街道，對慧儀來說，是家鄉在地經濟的生命力。然而，台灣這十年來也悄悄地學習美國大賣場的思維與規模，於是愈來愈多台灣人也得要開車採購。拉著小菜籃車去完成簡單有效率的採購，或者帶著小容器去離家幾步路的店家裝花生油的景象，對現在的年輕人來說，早已難以想像，因為現在的城市與經濟模式，都不再是以人的尺度來設計了。

仿自然的社群關係更幸福

樸門永續設計認為，社區結構與在地經濟都是很重要的社會課題，要維持社區間的活絡，重建人與人、人與社區之間的無形連結，模仿生態系中各成員的網絡關係，將是一個解決方案，藉此來重新創造人與人之間供需和情感的連結。

在自然界中，每種生物都有他們所扮演的角色與工作；人類社會也是，天生我才必有用，只是我們從沒想過，把社區的成員都視為自然生態系中的一員，透過一些制度來讓每個成員展現才能。珍惜運用每位居民的時間與資源，就會發現社區的人多才多藝，從理髮、縫紉、育嬰、會計、說故事、教學、製作果醬、照顧植物、英文、溜狗、修馬桶、修電腦、甚至清洗水塔，都可以由社區居民彼此互助。

當這些才藝與時間被當做貨幣一樣交換與流通時，會發現成員之間形成的關係就是一種自然模式，如同具有韌性的蜘蛛網或是各種生物間所創造的食物鏈關係一樣密切。也就是說，人與人的關係是可以模仿自然模式來經營社區的經濟力與幸福感的，而且在世界各地早就有人在實踐了。

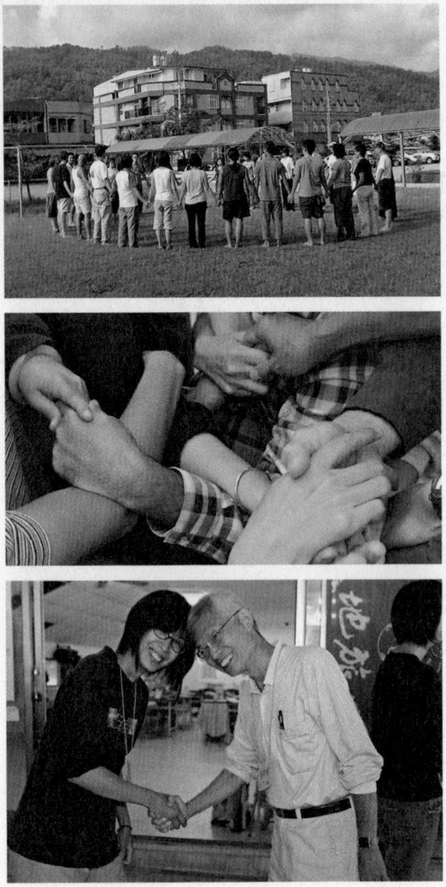

模擬自然模式的社群關係，有助於溝通與互動。

樸門綠點子

Permaculture

社區貨幣制度正流行

一九七〇年代，美國紐約州的綺色市（Ithaca, NY）率先創立了社區貨幣制度，隨後世界各國的許多城市相繼加入社區貨幣的推動行列。社區貨幣是由某區域（城市、社區）自行印製、發行的「鈔票」。它與新台幣一樣，可用來進行貨品或服務的交易。使用社區貨幣，可以實現經濟互助，同時增加使用者之間的信任與溝通。

持有社區貨幣的居民自然會尋求在地消費，將財富、消費力與幸福感留在社區內，一旦當在地貨幣系統達到適切的規模時，貨幣的流通可以鼓勵居民發揮所長在地創業，不會被連鎖商店或跨國企業帶出社區，或是國家的範圍之外。

更積極的意義是，使用社區貨幣的消費者較能夠知道，所使用或購買的貨品及服務是從何而來，不用擔心自己成為血汗工廠的支持者、兒童權或勞工人權的間接加害者。在地消費也可減少不必要的交通運輸消耗，更能夠維護地球環境的健康。

我所長大的城市——威斯康辛州首府麥迪遜（Madison, Wisconsin），在一九九五年也開始推動城市貨幣，當地以一小時為單位，作為衡量服務交換的依據。近年來，由於美國經濟不景氣，城市貨幣和以物易物（或是以務易務）得到更多人的支持，在主流電視媒體與平面媒體都搏得相當多的版面。有個報導最為人津津樂道，是一位水電技師與當地的理髮店交換服務，水電技師負責理髮店的水電維修，理髮店則提供水電技師十年之久的免費理髮。

台灣：小小火苗悄悄點燃

近年來，社區貨幣與時間銀行的概念，也悄悄地在台灣展開。弘道老人基金會曾在幾年前開始建立類似的制度，我和慧儀及社區的一對夫妻也在我們居住的社區發起「花錢・幫一」。推行至今，雖然成長相當緩慢，但我認為這個小小的火苗，是一種文化轉變的觸媒，雖然不知何時能夠成為燎原之火，但是這個社區貨幣制度在媒體上曝光之後，已經打動人心。有數個社區、社區大學、企業主動向我們詢問如何著手推動。我知道，就在我撰寫本書的同時，合樸農學市集也正積極地展開社群貨幣的推動。

我樂觀的想，這種模仿自然的無形結構將會愈來愈有感染力，引起更多人的跟進。這些人都是試圖以小而慢，卻充滿草根精神與力量的方法，重新設計人類社會的經濟活動。

社區貨幣讓人有機會發揮專長或付出勞力，得以互助互惠，並降低對金錢的依賴。

充滿模式密碼的「樸門樹」

像大樹一樣，紮深根、結好果

墨立森強調，認識並學習應用自然語言與模式，能提升設計的功能、美感與效益。他悉心地從各種角度、切面等分析一棵大樹，發現「樹」集宇宙各種主要模式（螺旋、分支、鑲嵌等）之大成，且各模式之發展、比例都與其他自然界中可發現的模式相呼應，是樸門設計者應深究學習，並加以應用的對象。第七十頁圖中是我根據墨立森在一棵樹當中發現的各種模式所延伸的整理，由於本書著重在概念與生活化的應用介紹，暫不深入探討各種模式的細節與功能。

如果我們有辦法透視土地，會發現土地上的樹冠與土地下的根系，其生長模式幾乎是相呼應的。樹木由一顆種子開始成長，這顆種子帶著演化了數千萬年來的所有生存訊息，向下延伸，同時也向上伸展。土地之下，是向四方伸出去的根系，吸收養分，同時也是組織、消化及轉換養分的地方。土地之上，主要是枝葉所形成的樹冠；上下對應的兩個模式，形成一個循環、完整的系統。

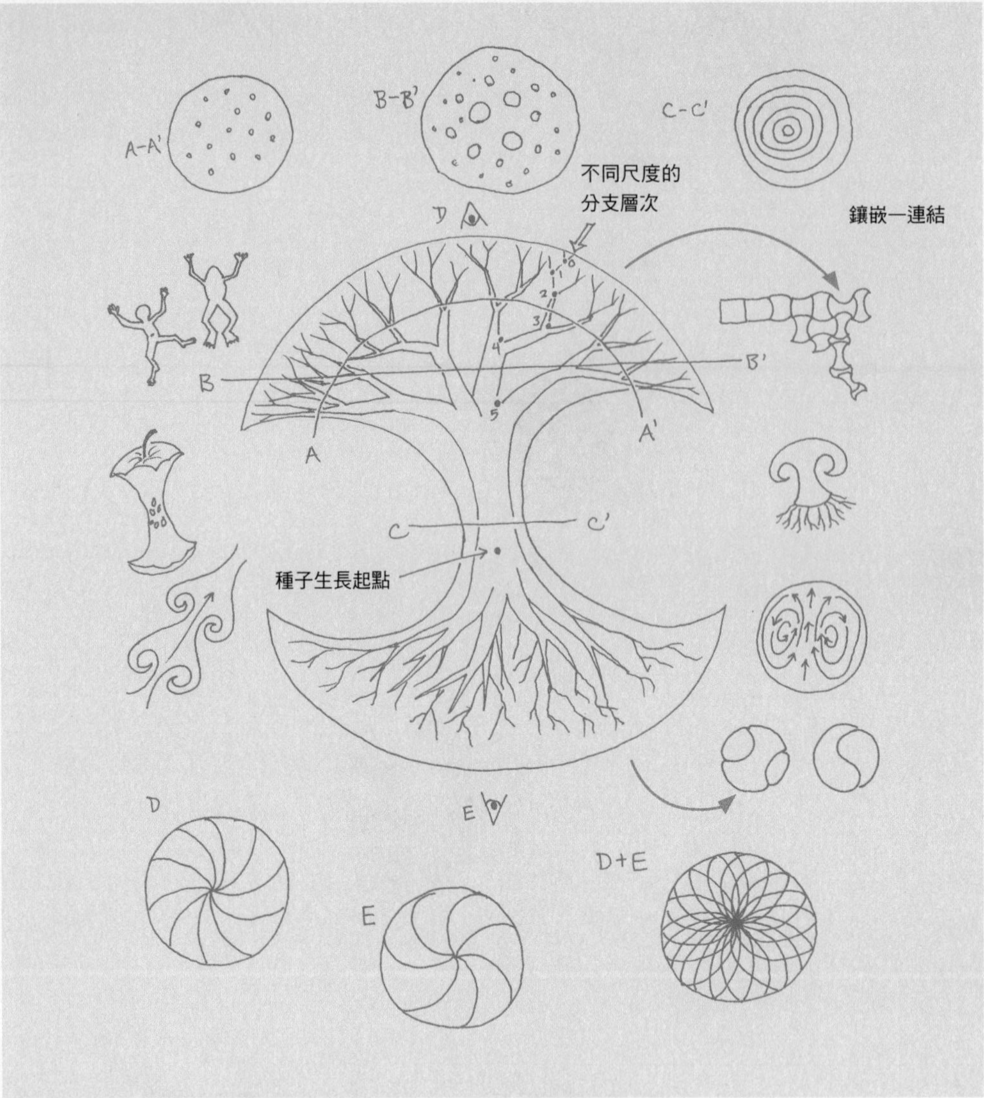

墨立森的「概括模式」（General Core Model），顯示了宇宙間眾多生命形態間具有相同的模式。這並非偶然，而是與其功能與能量流動有關。

樹幹好比是樸門的精神倫理與設計原則的架構，因此墨立森與洪葛蘭將「一個整體系統的設計構想」畫在樹幹的肚臍眼的位置。這讓我也聯想到，樹木的成長模式跟人體其實很像，從人的肚臍眼來區分的話，向上是我們的軀幹、頭、雙手，向下則是我們的兩隻強健的雙腿。

樸門樹的啟示，跨領域合作力量大

一個設計概念只從單一領域吸收養分，這棵樹可能會長得營養不良或奇形怪狀，甚至不會結果。然而，現代知識系統多過度專業化，不同的學科與學科之間少有溝通，甚至有互相抗衡的狀況。樸門樹的意象提醒我們，整合各領域並相互合作才能發揮最大功效，「整合資訊」比起「分別」資訊更重要。樸門永續設計也是如此，樸門的架構會將各領域的資訊與知識融會吸收，帶到它們最能發揮的地方；而所有的葉片、枝幹組成的樹冠與纍纍的果實，就是我們所要達成的目標、成果或具體行動的展現。

從這個角度來看，樸門永續設計可說是一門通才學科，要消化所有資訊並加以整合，幫助地球與人類和諧共生、共存共榮。

如果你認識夠多的樸門設計師或實踐者，會發現他們當中有許多人很難歸屬於哪一領域或哪一專業，因為他們本身就像一棵樸門樹一樣，是匯集了各方面專業的通才，透過樸門原則的架構與肢幹，活出各自對地球有益的生命故事。

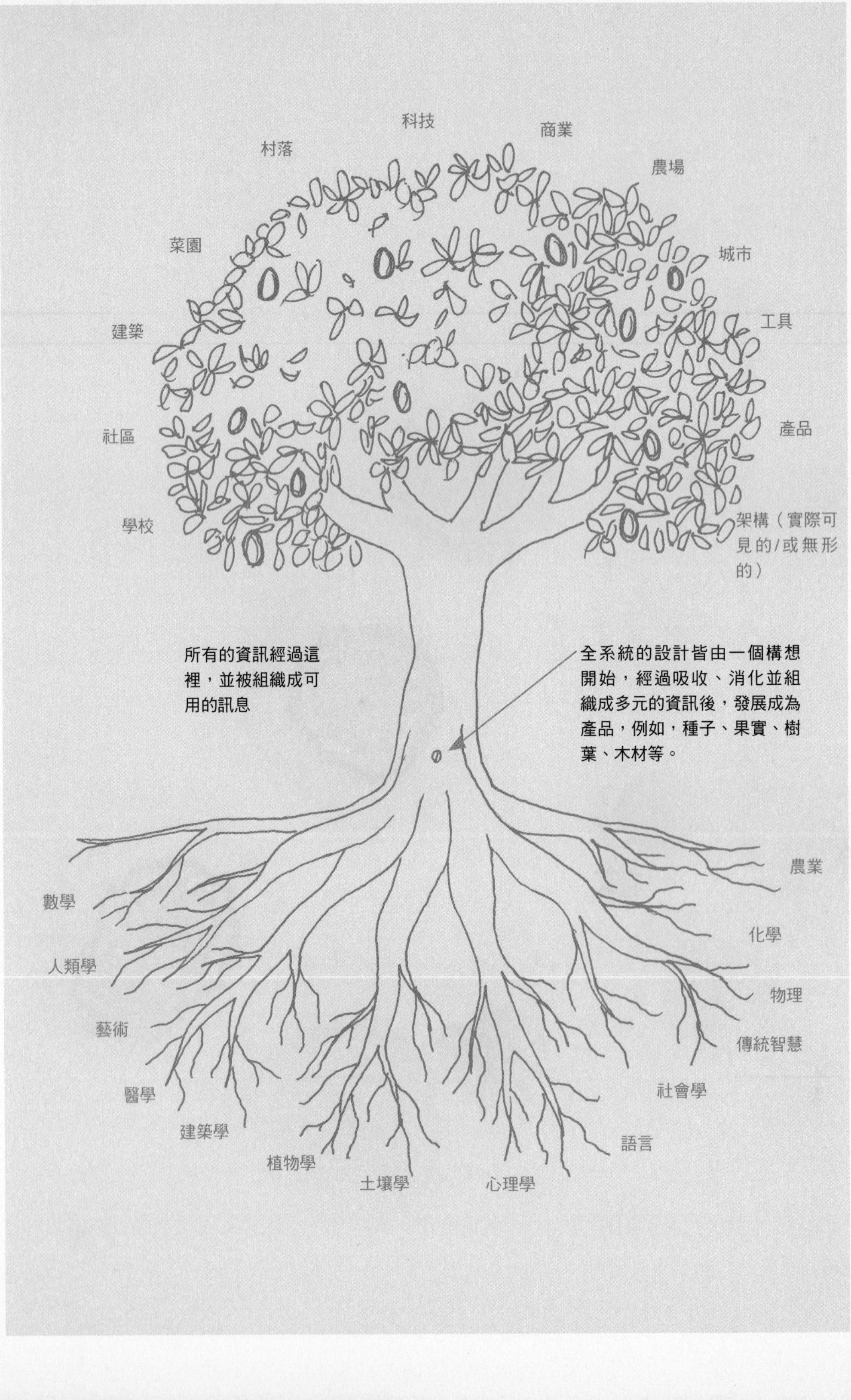
科技
商業
村落
農場
菜園
城市
建築
工具
社區
產品
學校
架構（實際可見的/或無形的）
所有的資訊經過這裡，並被組織成可用的訊息
全系統的設計皆由一個構想開始，經過吸收、消化並組織成多元的資訊後，發展成為產品，例如，種子、果實、樹葉、木材等。
農業
數學
化學
人類學
物理
藝術
傳統智慧
醫學
社會學
建築學
語言
植物學
土壤學
心理學

再生型設計讓萬物生生不息

照顧地球，地球也持續照顧我們

雖然世上許多人對樸門的認識是從農業開始，但「設計」才是樸門永續設計的重要核心：設計地景、設計一個社會和概念系統，設計你的空間和時間如何運用。因此，樸門永續設計是關於構思如何在實際生活中，應用可再生的設計。

一般而言，投資資源、勞力、金錢和時間的方式，可分為「退化型」、「生產型」以及「可再生型」。所謂的「退化型投資」，指的是此投資一旦發生，它會逐漸崩解且需要投注更多資源來維持運作，汽車就是其中一例。至於「生產型投資」最終也會逐漸崩解，但至少生產型投資能量之後，是會提供或支持更多能量的產生，例如投資製造出來的腳踏車，可以幫助人們省能又省力。「可再生型投資」，顧名思義就是能夠自我再生，或擁有無限期自我維護的能力。因此，「可再生型投資」勢必就要擁有生命，一座生物多樣性高的森林或果園即是一例。

二〇〇八年，台灣首次發行消費券來因應全球金融風暴，每人擁有的三千六百元，怎麼使用成了當時最夯的話題。有人問我打算怎麼用這筆錢，我很自然在想如何讓這些錢用在最有效益，甚至可以產出可再生的價值，例如，購置菜苗、種子、土壤等可持續生長的東西。長期來看，這筆小投資所帶來的回報將相當豐厚，包括果實、遮蔭、涼爽的微氣候環境、保水、保土、生物的棲地、藥材、食材等等，不勝枚舉。

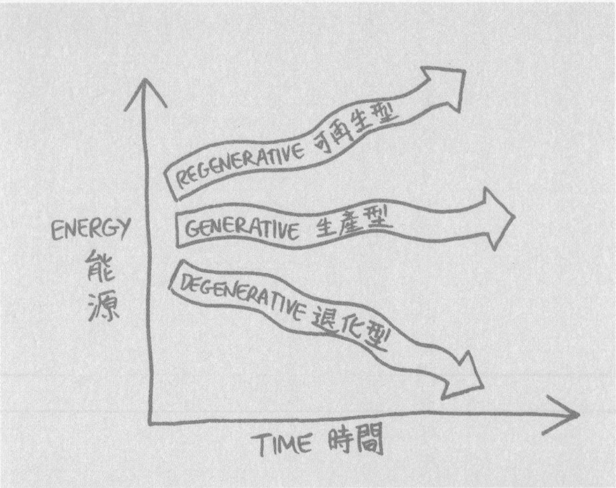

退化（水泥地）與再生（天堂鳥）的對比。
再生型燃料與退化型燃料的對比（太陽能生活應用研究所-Solar Living Institute，加州）。

「再生型」的設計，就是可以自我支持，同時幫助萬事萬物生生不息的設計，也與樸門永續設計的第一項倫理「照顧地球，讓地球得以持續照顧我們」相符合。一個社會如果只從事退化型和生產型投資，「一開始就污染環境，最終就會將我們的資源庫揮霍殆盡。」墨立森很貼切地形容最後的下場，而這正是我們的社會正在做的事。

今天人類能夠如此毫無節制地使用能源，是因為發現開採遠古老能源的方法。幸運的是，大部分人都已經明白，不管地球的資源有多麼充沛，這樣的電力與資源將不會源源不絕。只有「再生型投資」能夠為我們提供資源重生的機會。而任何朝向正確方向的小小進步，都讓我們更接近樸門永續設計。

再生型的冷氣 vs. 退化型冷氣

樸門綠點子
Permaculture

將沙漠變成綠色果園的奇蹟

在樸門永續設計的領域當中，最著名且為人所津津樂道的故事之一，就是我的老師傑夫帶著約旦人一起將死海附近嚴重鹽化的沙漠，轉變為生產力高且種類多元的果園。此一案例證明可再生設計不僅成效最符合經濟效益，也最有生產力。

初到該地時，傑夫承認挑戰性非常高，因為這塊地比海平面還低四百公尺，不僅是地球最低的一個地方，而且幾乎不下雨，夏天的溫度更常超過攝氏五十度。當地農夫為了保水與降溫，都用塑膠片覆蓋土壤。

由於土壤相當貧瘠，農夫只好大量施用化肥，也為了防蟲害不斷噴灑農藥。放牧的羊群也將整個區域的土地，啃食得體無完膚。傑夫把這狀況比喻成「就像巨大的蛆，把土地吃的精光」。

在傑夫試圖將沙漠化為良田的那段期間，當地的農夫都嘲笑他，認為他不可能成功，因為沒有任何東西可以生長在鹽化的土地上。不過，傑夫當然不這麼認為，他有信心將這鹽化的土地變成欣欣向榮的綠洲。於是，傑夫教當地人開挖集水溝渠，並且在溝渠下方種植水果樹。

傑夫教當地人先種棗椰樹，再依序栽種無花果、石榴樹、芭樂樹、桑樹、柑桔等。在四個月內，一公尺高的無花果樹就結了無花果，成效之佳，令當地人嘖嘖稱奇。這是傑夫巧妙地結合了時間與空間，營造多層次的種植方式，提高果園效益的成果。

等高線挖溝渠，收集雨水效用大

透過植物的蒸散作用，水氣才能夠回到大氣中，成為水循環的一部分，所以，最有效的保水方法，就是把水儲存在土壤與植物中。傑夫運用樸門的設計原則與方法，在那一片約四萬平方公尺（一萬兩千坪）的土地上，設計了一個可收集每一滴雨水的系統，包括沿著總長一千五百公尺的等高線，開挖一條可收集雨水的溝渠，目的是希望能夠有較長的邊界可以自然地集水。當集水溝渠的水分飽和了，就會有約一百萬公升的雨水被吸入土地。根據當地人的紀錄，每年冬天這些集水溝渠有多次都達到飽和的狀態。

接著，傑夫教導當地人大量使用附近有機農場廢棄的有機物，把它們覆蓋在這些溝渠上。覆蓋的厚度將近有五十公分厚，不過光是這樣還不夠，傑夫又教他們將極小的灌溉滴水管埋在有機覆蓋物之下，藉此保持土壤的濕潤。

為了建造集水溝渠，被挖出來的土壤，順勢堆在集水溝渠的下方，於是就形成了小丘。在小丘上，傑夫帶著當地人種了非常抗旱的沙漠先鋒固氮植物。這種植物有多重好處，可以遮陽、減少水分蒸發作用的影響、把空氣中的氮收集在土壤裡面、重建土壤的結構等等，過沒多久，這些土壤就成了種植果樹的沃土了。

讓土壤隔離鹽害又保水

傑夫將沙漠化為良田的事蹟，吸引約旦大學研究人員特地前來測試土壤，發現當地土壤鹽度下降。他們以為傑夫用了什麼特殊的方法來沖洗土壤。因為在約旦，一般人會用大量的水，企圖將鹽分洗透以降低濃度。

然而事實證明，這樣的作法只會讓土壤鹽化的狀況更嚴重，甚至讓鹽分滲透達二十公尺深，這樣的鹽化程度，要花一千年的時間才能恢復正常。事實上，傑夫只用了他們平常使用水量的五分之一，也就是以過去相同的水量，如今可以灌溉五倍大的面積。這讓當地人難以置信，卻佩服不已。

某天，傑夫接到一封信，裡面附著一張照片，當地人說從沒有看過那樣的東西。原來，他們在果樹下的覆蓋物中發現一朵朵香菇（蕈類）。過去，當地人幾乎從沒見過蕈類，可見果園中貧瘠的鹽化土壤，已經變成了濕潤的保水環境。

傑夫所做的，就是運用生物性可再生資源的服務，讓自然作功，為當地人解決生存難題。在厚厚的有機覆蓋物之下，這些蕈類的菌絲網會產生一種蠟狀物質，將鹽分從這個地區驅離。同時，覆蓋物分解的過程中所產生的腐植質，也會把鹽分包覆起來。所以事實上鹽分並未消失，它只是變得無活性，且不會溶解於土壤中。傑夫這綠化沙漠的例子相當鼓舞人心，讓世上許多人對樸門永續設計產生好奇與信心。

相關短片請參考：Greening the Desert (http://permaculture.org.au)

什麼不是樸門永續設計？

如果你在一個樸門永續設計的會議中提出這個問題，一百個人裡面你會得到一百個以上的答案，因為樸門永續設計是一個以原則為基礎，而非以教條或規定為基礎的設計系統。不過，這些答案的精神與終極目標，其實都會是相同的。

然而，隨著此一設計系統的知名度大增，或由於並非每個人都有機會獲得完整的資訊或訓練，讓許多人對於樸門永續設計有所誤解。不過，只要是接受過完整專業設計基礎課程（Permaculture Design Course, PDC）的人，應該都會同意樸門永續設計並不是以下所提出的農法、技術或規則。

樸門不是某一種有機農法

樸門永續設計認為，應該要有更多人學習如何直接從土地獲得食物，也因此許多樸門永續設計的案例，是透過食物生產系統彰顯出來，讓許多人因而誤解樸門永續設計是一種有機農法。

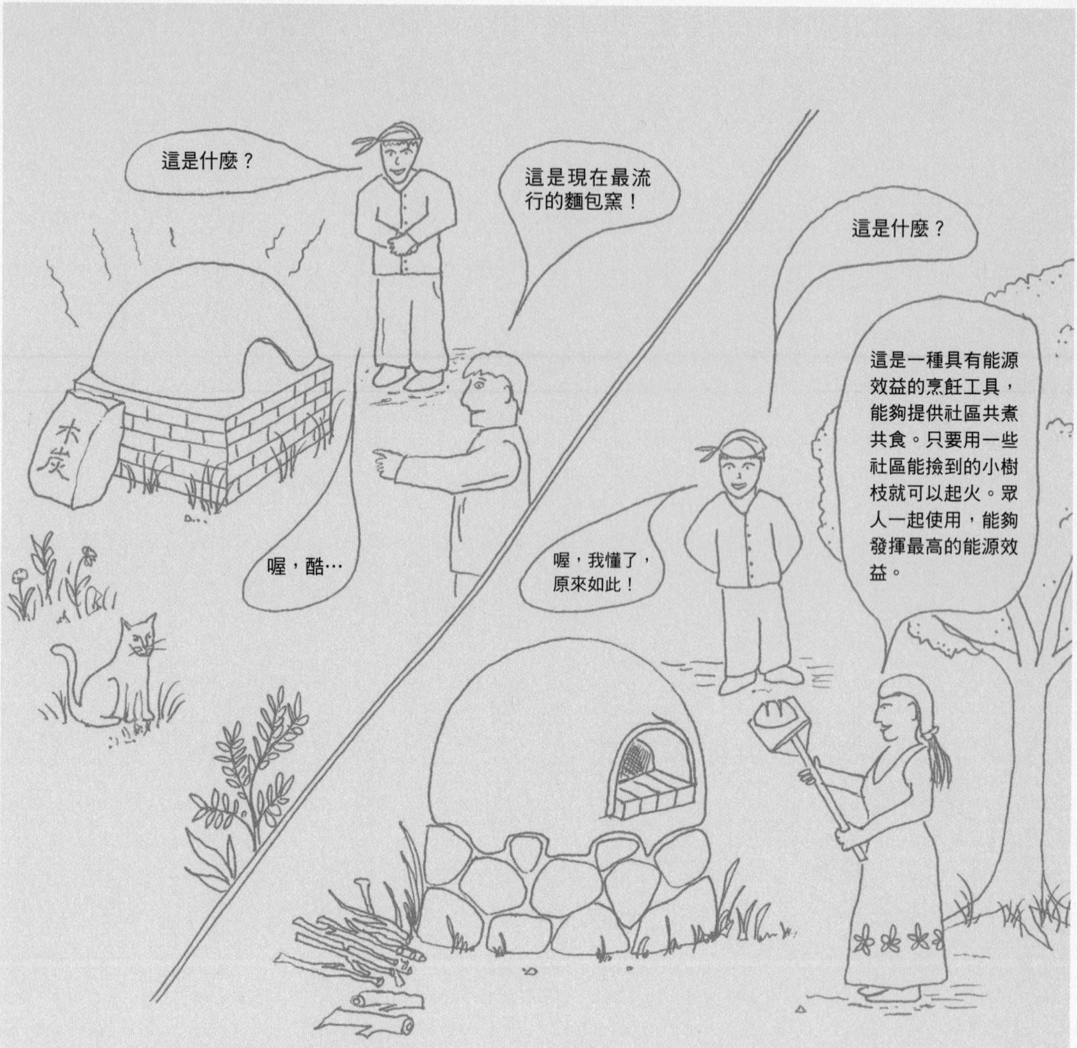

某種流行技術 vs 目標清楚的適切技術

樸門永續設計強調的是地景的模式、功能，以及設計中其他元素的組合，是結合技術（如何執行，例如有機農法）、策略（如何與何時執行）與設計（強調模式的應用）的多維系統。

一個樸門設計師會不斷地問：「這個元素該被放在哪個位置？如何安排，才會讓此元素在設計中發揮最大的貢獻與效益？」

樸門不是單一技術

樸門永續設計經常被低估為數種常見的設備或技術的展現。例如，有些人會以為生態廁所、香蕉圈、螺旋花園、鎖眼花園、麵包窯、雨水收集桶，就是樸門永續設計。然而，樸門永續設計的老師都會一再提醒學生，這些都不能代表樸門。

應該這麼說，如果設計得當，這些設備符合了樸門永續設計的精神與概念。但很有可能你來到一座徹底彰顯樸門永續設計理念的農場或空間，卻看不到任何上面所說的技術或設備。美國知名的樸門設計師與水資源保育專家布萊克．都門（Brock Dolman）也曾說，如果他帶人到一個地方，人們問他：「快告訴我，這裡有什麼樸門的設備？」他就知道這人根本不知道什麼是樸門永續設計。

我強調「設計得當」的意思是，例如雨水收集系統如果沒有周全的考量，反而無法讓系統自我支持，那麼這就不是一個符合樸門設計目標的設備。羅賓曾與台灣的學生分享一個小故事：她在澳洲的鄰居，在看了一本樸門設計的書之後，很興奮地動手建造了一座也被視為典型樸門設計的曼陀羅花園（mandala garden），但之後鄰居卻相當苦惱，因為他的曼陀羅花園半徑超過十公尺，園圃面積太寬，超越他的雙手所及，使得他在照顧與採收時都不像書上說的，可以省能、省事。鄰居急忙跑來向羅賓求助。羅賓看了現場後，建議他在這座巨大的曼陀羅花園中進一步劃分出數個小的曼陀羅園圃，輕鬆解決鄰居的困擾，讓他能夠進出花園照顧每一棵植物。

可見我們可以很輕易地將某個設計冠上一個名字，但是技術或名稱並不是重點，重點是設計是否能夠善用適切的方法與與設計原則，讓設計中所有的元素產生互動關係，達到樸門永續設計所追求的生態效益與目標。

樸門不是一套規則

樸門永續設計是以原則為基礎，而不是以規則為依歸，因此它適用於各種氣候條件與文化背景。往往，你向一位樸門設計師提出一個與基地條件有關的問題時，所得到的第一個答案往往是：「看情況！」我認為一個好的樸門老師與設計師，不會未經思考隨便提供解答，因為一切都是看情況，在尚未針對基地做觀察，了解基地條件與狀況前，隨意提出解答，反而可能有害於未來的設計。

樸門是人類邁向永續的運動

墨立森曾說，樸門永續設計引發了一場革命，一場寧靜的革命，而他只是其中的始作俑者，提供了一套設計系統與方法，讓人勇於實踐自力更生的生活方式。因此，樸門永續設計不教條化，只要掌握一個大方向，每個人都可以參與。

對我而言，樸門永續設計的精神、理念與設計原則，是我身為地球旅人，參與這場關鍵性革命的重要工具。無論在陽明山時期的風之谷家園、小小的台北公寓、大地旅人辦公室、目前正在成長中的台東樸門教育基地，以及我與大地旅人夥伴一起在台灣各地，鄉村、學校、社區與人分享時，皆可應用，甚至當我遇上生活中許多有形或無形的試煉時，都提供了我一些指引。

你也想要揭竿起義，奪回生活的自主權，參與這場全球的永續生活運動嗎？一起來吧！

樸門永續設計引發的是一場寧靜革命，喚醒人勇於實踐自力更生的生活方式。

chapter 3

樸門的設計原則

人人都是生活設計師

樸門創始者墨立森曾說：「成功的設計應該使系統具備自治的能力，不太需要外界的物資進入，也不用我們多加費心。」

小時候，我經常在森林中看到啄木鳥、野兔、浣熊、野鹿、狐狸在覓食或狩獵，甚至十九歲時在森林裡遇到黑熊，每次與森林動物相遇的經驗都讓我倍感喜悅與興奮。而十多年後接觸了樸門永續設計後，牠們又給了我新的啟示，那就是呼應了樸門書中「萬物皆在從事園藝」以及「人人都在設計自己的環境」這兩句話。

從人的角度來看，動物似乎只是被動地生存在一個由許多未知外力所打造的環境裡，但牠們扮演的其實是主動維護家園環境的角色。

仔細觀察動物行為後會發現，動物在四處覓食的過程中，也同時在牠走過或飛過的土地上施肥。很有可能，在牠們的皮毛上帶著一些從另一個森林或草原來的種子，跟著牠到處旅行，有一天默默地落在土壤上，直到溫度、濕度、陽光等氣候條件都適合了，種子發芽成長，又成為土地上其他動物的食物。而當動物的生命結束，牠一生中所攝取的營養與能量又會自然地成為土地的肥料。牠們一生中的分分秒秒，都在改變環境。

現在，請大家在腦海中保留同樣的想像，只是將兔子的角色轉換成自己，在每天的生活裡，我們同樣不斷地在改變生存的環境。只是動物和你我之間有一個最大的不同，就是我們能夠思考，還能事前規劃我們的行動。因此，我們自己營造的環境會走向什麼樣的方向，就得看我們用什麼樣的理念與方法。

這些動物如何創造牠們的環境？
右一 劉德輔／攝
右二 賴吉仁／攝
右三 林雅容／攝

充滿自然智慧的樸門設計原則

樸門設計原則，讓生活永續又輕鬆

我在書中所介紹的十五個樸門設計原則，是融合墨立森和洪葛蘭他們分別提出的創見，再加上我自己消化吸收後所做的整合。我將它們分為六大類：與學習相關的原則、與能源相關的原則、與合作相關的原則、與生態相關的原則、與規模有關的原則，以及與生存相關的原則。一來可以幫助我更能將墨立森和洪葛蘭著述的內涵融會貫通，二來也是希望讓有興趣學習整合型設計的朋友更容易上手。**原則的應用沒有順序**，案例不勝枚舉，本書所舉的例子是試圖從各種角度來說明，讓初次接觸樸門永續設計的讀者能夠比較容易進入情境。

許多人在認識並理解了樸門永續設計的原則之後，會很興奮且期待地開始動手做些設計。如果每個設計的目標都是在創造能夠自我支持與可再生的系統，那麼，我認為一個設計成功與否，就是問自己：「在做了這個設計之後，系統是否變得愈來愈有生產力、生活是否輕鬆了些？還是變得愈來愈麻煩、愈來愈累？或愈來愈消耗外來能量與資源？」當然，每個設計都可以愈來愈好，只要我們願意在錯誤中學習，就能夠持續精進。因此，只要願意去做，每一次的嘗試都將是值得的經驗！

樸門設計原則

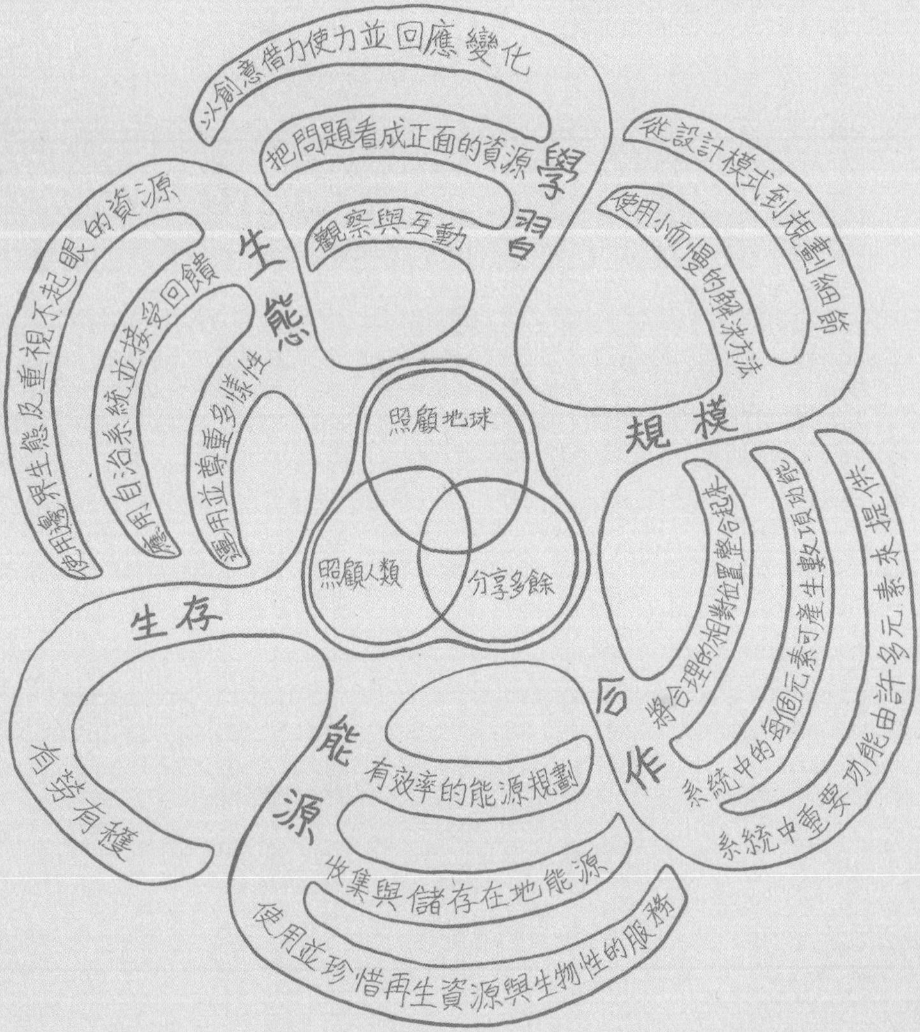

說明：

1. 整合自墨立森與洪葛蘭所提示的設計原則。
2. 原則的應用並沒有順序。

細心觀察一塊地，看看它需要什麼？

原則 1 Permaculture 觀察與互動

觀察與互動是最基本卻最容易被忽略的重要工作。「觀察」和「互動」二詞的意義差別甚大，洪葛蘭故意把它們放在一起，目的是強調主動行為和被動行為的平衡。紙上的設計可能很完美，但開始執行之後，應該對基地保持敏感度，因為真正的情況可能跟預期差很多，通常也都是如此！因此在執行規劃時，必須不斷地反省和觀察。

我在有機農場當學徒時，每次問老農夫大衛今天要做什麼？他總是說，「去問問菜園！」這真是最好的回答。我發現只要進去菜園走一圈，就會知道它需要什麼。直到現在，我每次來到一個新的地方，或是一片陌生的土地，這個習慣仍讓我受用無窮。

我認為，園丁的工作，有一半應該就是在觀察。

作為一個樸門設計師，主要的任務之一是修復遭受破壞的土地。從這個角度來看，我們似乎就是生態系中的中醫師，必須持續地觀察病人的症狀與復原狀況，來調整療程。因此，無論我介入任何地點，都需要從不同角度進行觀察。我提醒自己作個謙卑的觀察者、照護者和土地的一部分，與土地建立關係，藉此熟悉當地的狀況，因為種種跡象會提供我很多訊息。

我觀察的方法是從多元的角度，例如：從植物的角度來認識太陽和天空，或是從太陽和鳥兒的角度來認識基地；也從不同的時間或氣候狀況持續觀察，比如在夜晚、在下雨或暴風雨時。在這樣的前提下，我才能夠做出負責任的建議與好的設計。

我曾與幾位鄰居，同心協力地把一片堆置垃圾的土地清理乾淨。之後，我請他們觀察這一片小小的土地。他們發現一隻黃蜂正在獵食蜘蛛，有蜘蛛的地方表示這裡有足以支持蜘蛛生存的小生態系，因為蜘蛛是無脊椎動物食物鏈的上層生物。在整理菜園時，大家就可為蜘蛛提供可以繼續生存的地方，讓蜘蛛成為菜園裡的小幫手，幫忙控制害蟲數量。

樸門設計原則

「觀察與互動」的策略

- 了解一塊土地有何需求。
- 觀察自然中的模式和系統。
- 將干預減至最低。
- 失敗為成功之母 。

慢性的土石流失的發生，經常是可以預見的，特別是林木被砍伐的坡地。只要把樹幹與石頭放在水的逕流路徑上，漸漸地土壤與有機質將會堆積，成為植物重新生長的地方。長期來看，可以發揮保護土壤的作用。

原則 2 Permaculture

把問題看成正面的資源

樸門強調持續學習、持續改善現有設計，希望對地球和人類更友善。在發現問題的當下，絕大多數人的直覺反應便是想辦法消滅問題，然而，藉由觀察生態系統，可以獲得許多解決問題的啟示。當一個生態系統中有某種物質或物種數量過多，大自然的回應就是大方地增加其他的物種，而非吝嗇地把問題物種去除。地球的慷慨，使自己具備驚人的多樣性。

比方說，一個區域中，鹿群過大時，就會有肉食獵捕者和寄生蟲，來維持鹿群數量穩定。水太多時，就會長出愛喝水的植物來吸收水分並藉此茁壯。太多的陽光，會帶來樹木和森林，不但讓環境降溫，同時為樹下的生物群遮蔭。樸門永續設計也是遵循相同的原則，套一句墨立森的名言，「不是蝸牛太多，而是鴨子太少。」

以人類社會來說，如果單純從主流經濟發展與所謂的競爭力角度來看，社會高齡化就會變成問題。我們不妨重新釐清經濟發展與競爭力，究竟是什麼意思？在判斷很多事情時，試著用更多元的角度與不同的價值觀。如果我們懂得尊重、珍惜與善用老年人的智慧，學會運用老人的智慧與經驗來解決問題，也許我們的社會就不會那麼害怕老年化。

當小溝渠的水生植物過多時，正好可以撈起來做成堆肥來使用。

用崩落的土石，在安全的地方建造更強健的房舍結構。這是「把問題看成正面資源」的例子。

樸門設計原則

「把問題看成正面的資源」的策略

- 東西太多時（例如雜草、蝸牛），代表你沒有在使用、分配或重視它。
- 把問題視為一道有趣的謎題 。
- 慷慨可以增加多樣性：想想看，你可以加點什麼東西解決問題，而不是減少什麼東西。

原則3 Permaculture

以創意借力使力並回應變化

把握這項原則的關鍵，就是順應自然。因為自然是不斷地流動、一直在變化，所以也應該從善如流。我在台東租的部落小屋，就是順應自然，並發揮創意與雜草共存，讓雜草幫我製造土壤。

因為我有一半的時間待在台北，房子租下來之後並沒辦法立刻進行任何設計，於是院子開始長草，二個月後便雜草叢生了。房東好心問我，要不要噴除草劑，我告訴她不用，因為院子裡長滿的是龍葵草、咸豐草、昭和草和野生萵苣等可食用的野菜。每次摘除一些雜草食用，地下會留下大量的根系，經過一段時間，根系日漸被分解，就會創造出肥沃的土壤。

雜草還有一個重要的功能，就是可以加速生態演替，借助雜草之力，輕而易舉的可以做到收集陽光、收集水和養分，並將其轉化為有機質進入土壤。土壤中的有機質功效很多，像是有助於平衡溫度、ＰＨ值、養分、濕度和土壤生物相。另外，雜草也提供蜥蜴、瓢蟲、蜜蜂和黃蜂等生物居住的條件。

當開闢菜園時，我會在植物旁邊種一些固氮植物，讓這些固氮植物的葉子如同一把遮陽傘，可以提供小苗陰涼的環境。同時，定期修剪固氮植物不僅能提供土壤覆蓋物，也能使根系上的根瘤菌中的氮釋放出來，讓土壤變得又鬆又肥。另外，菜園裡不時會有很多不請自來的植物，我會順應它們的存在，讓它們變成小幫手，為菜園裡想留下的物種，阻擋風、日光和雨水侵襲。

美國奧瑞岡州的七粒種子農場（Seven Seeds Farm），運用自然演替的過程來建構土壤，創造食物森林。農場中的羊可以為農場施肥、控制雜草。小樹旁的圍籬保護小果樹苗，不被羊啃食。

某些時候，我會選擇性地在特定時間修剪特定的雜草，修剪下來的雜草是覆蓋土壤珍貴的材料，可以鋪在我想種的植物基部。我的樸門老師稱這個動作為「修和丟」（chop and drop）。我的院子裡，唯一會被我連根拔起的是又刺又硬的蒺藜草，這種雜草的種子會穿過衣服刺傷皮膚，實在很難讓人把它輕鬆當朋友。

試著借力使力，並適當地回應變化，假以時日你的基地就能成為生物多樣的地景。成就生機盎然的自然生態，關鍵在於體認雜草等植物就是天然的太陽能板，當大地被天然的太陽能板所覆蓋，就等於不斷地吸收陽光並將其轉化為有機物，土壤就又會充滿了生命力，如此周而復始、生生不息。而這也符合把問題看成正面資源的原則。

血桐樹是大地旅人環境工作室的台東嘎嘮磕樸門教育基地的先驅植物，它提供虎爪豆與翼豆攀爬的支架，同時吸引鳥類駐足，讓鳥兒提供肥料、控制害蟲，當然還有悅耳的鳴叫聲。

樸門設計原則

「以創意借力使力並回應變化」的策略

- 加速自然生態的建立。
- 和自然合作，而非對抗自然。
- 飼養動物來幫助栽培系統。
- 這是利用裸土的好機會，盡快照顧它。
- 將雜草或樹木化為益處。

原則4 收集與儲存在地的能源

Permaculture

栽種可食用作物，就是在落實收集與儲存在地能源。

樸門永續設計的目標是在能量消散之前，盡可能收集、儲存它，讓它處在可以持續被使用的狀態。地球上最重要的任務之一，是植物透過光合作用，提供地球上所有生物所需的食物。同時，植物的葉片能夠反射部分陽光，讓地球降低溫度；植物的根系能夠抓住水土資源，也能透過葉面的蒸散作用將水分還給大氣，穩定水的循環。因此，種植大量的植物就是收集與儲存在地能源的作法。所以，千萬不要小看陽台或屋頂，若能善用這些城市空間進行綠化，甚至栽種可食用的植物，就已經在落實這項原則了。

動物也是能量存在的展現，而且是一種活動的能量。當綠色植物被雞吃了之後，會把植物的能量轉變成為雞隻體內可以使用的能量。雞隻是菜園的資源回收小幫手，牠們會把腐爛的植物或小昆蟲轉化為肥料，之後又成為植物和分解者的食物，如此環環相扣的食物鏈，也是一種將能量轉換成不同形式儲存起來的方法。

物資和水也是能源之一，因為任何物資的製造與水的使用，都會用到大量的能源。早在十七、八年前，泰國的小鎮就已經開始使用回收的廢輪胎做為垃圾桶。回收雨水資源、把水儲存在相對高處，再用重力引流使用，也可視為「收集與儲存在地能源」。廚餘和人類的排泄物，經過堆肥腐熟的過程，可以將有機質轉變為肥美的土壤，用來種樹，或僅僅是回歸到田野中，都是促進能源收集與回收的積極行動。

人力也是一種長久以來被忽略的能源。過去的建築物，受限於工具和距離等因素，人們自然而然地就知道要就地取材，用竹子、沙、泥土、稻草和木頭等來建築遮蔽物。然而，隨著科技的進步與交通的便利，使用進口資材，已經成為常態。而建築、修繕等人力需求，成為幾通電話跟花很多錢就能搞定的事情。因此，與鄰里、朋友共同協力造屋，或雇用在地人工，是將人力視為一種能源，也是回收在地能源的方法。

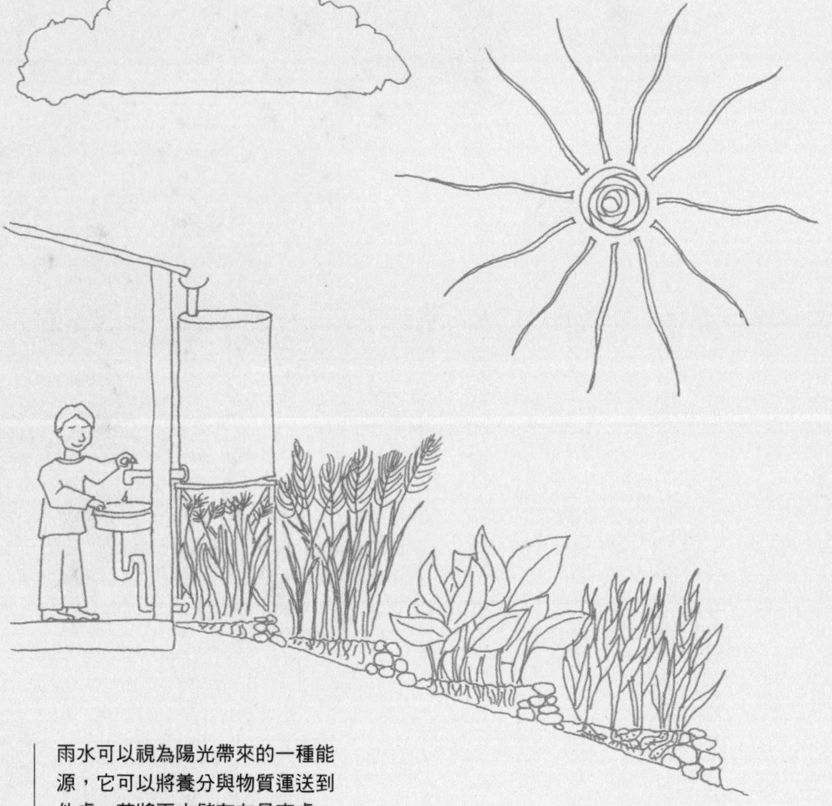

雨水可以視為陽光帶來的一種能源，它可以將養分與物質運送到他處。若將雨水儲存在最高處，則可以利用重力來運送。圖中也顯示了「光合作用」其實是世界上最重要的在地能源收集之道。

樸門設計原則

「收集與儲存在地能源」的策略

- 善用自然光源。
- 在自家屋頂或陽台種菜。
- 收集雨水、收集廚餘等有機質。
- 善用在地人力資源。

原則5 有效率的能源規劃

Permaculture

聽到這個原則，可能很多人會覺得不就是換換燈泡，使用高效能的電器。在這裡，我想舉的是符合有效率能源的動線規劃，其中一例就是把東西放在方便取得之處。

以廚餘堆肥的放置來說，大家都認為廚餘堆肥一定會發臭、滋生蒼蠅，自然就會把它安置在離自家或社區活動範圍最遠的地方。遙遠的廚餘堆肥區往往會成為閒置廢棄的空間，白白浪費掉當初設立的一片熱情與投入的經費。事實上，只要方法得當，堆肥可以不臭也不造成生活上的困擾。

我哥哥處理廚餘的方式，就不會產生濃濃的腐臭味，或者是引來一大堆蒼蠅。因為他為了方便每次出門都能夠順道處理廚餘，將廚餘堆肥桶放置在他最常出入的動線，就是他家門口。乍聽之下，這個位置實在不可思議，但也因為這樣，他能夠及時觀察廚餘堆肥的變化，讓廚餘在健康、無臭的情況下有效分解成為肥沃的腐植質。

況且，也沒有任何鄰居發現他家門口有廚餘堆肥桶。他還在廚餘堆肥桶旁，種了香蕉樹。香蕉可以處理大量含有養分的液體，比如尿液、廚房廢水，或是稀釋過的廚餘堆液肥。如此一來，在他家小小的門前就形成了一個高效率的資源循環系統。提醒大家，依據不同的使用頻率，尿液要先稀釋至少八到二十倍以上才能澆花，而且必須使用在健康、種滿植物的土地上，如此才能讓氮轉為硝酸，提供植物使用。

在日常生活中，如果能把採購動線規劃好，減少開車繞來繞去四處採買的頻率，就能提升油耗的使用效率。更進一步，如果能夠和鄰居一起規劃採購內容，也可以透過代

◀桃園曾繁淵先生的屋頂花園旁的餐桌與烹飪設備展現了有效率的能源規劃。

▼霧台鄉魯凱部落的多層次且小而密集的食物森林，也是有效率的能源規劃。

買或共乘，少開一輛車或甚至不必開車。另外，社區或公寓大廈可以設立工具共享中心，不一定每個人都要擁有所有居家維護工具，畢竟那些工具使用頻率低，而且為了製造那些工具需要耗掉許多看不見的能源。

從較大的範圍來看，台北市就是一個具規模且集中的能源供需處，表面上似乎效率頗高，但事實上卻是非常沒有效率的能源規劃。因為市區每個人所需要用的物資、水、食物與能源，幾乎都來自遙遠的外地，必須建立大型運輸設備、得支出高額的維護費用、耗用更多原本可供長期使用的能源與物資，這種高度依賴外來能源、資源的大城市系統只會愈來愈脆弱，難以成為自我支持的生活系統。

樸門設計原則

「有效率的能源規劃」的策略

- 小規模的密集性系統。
- 把食物的生產拉回城市中。
- 把維護降到最低。
- 把功能放在它們會被用到之處；把可被利用的功能放在每天會經過的地方。
- 設法在你每天會經過的地方找到可被利用的物資或服務。
- 分享物資與服務。

我們家的貓Catcat只要發揮天性，就能幫我們解決許多問題。

原則6 使用並珍惜再生資源與生物性的服務

Permaculture

關於這項原則，我最喜歡舉的例子是我的貓咪。住在陽明山的農舍時，四周放眼望去盡是自然景色，也因此常出現各種動物，尤其濕冷的冬天，一些鼠輩很喜歡來到家裡避冬。機緣巧合，我收留了一隻流浪小貓之後，決定讓牠來解決家中的鼠患。

我的貓咪是住在有老鼠的環境中長大，自然能夠發揮本能，練就一身捕鼠功夫，每次在一隻老鼠下肚後他就會休息一整天，不用再吃東西。貓咪還提供了其他出自本能的服務，都是我們不太拿手的，比如自我清理、在冬天幫我們暖被、抓蟑螂等害蟲，同時幫忙驅離溜進家裡的蜈蚣和各種蛇類。最棒的是，我不需要殘忍地使用黏鼠板或毒鼠藥等有害環境的藥品，只是善用生物間自然的關係來幫我們解決問題。

學會使用並珍惜再生資源，以及他們所提供的服務，要先知道哪些生物擅長做什麼事情。許多原住民文化都具有尊重與珍惜這些生物服務的智慧，為我們提供指引。

北美樸門永續設計老師潘尼・黎文斯頓（Penny Livingston）說的好，「被我們稱為資源的東西，原住民將其視為親人。」如果對這些在動物界與植物界的親人更加認識，例如善用細菌、蜜蜂、鳥類、蜘蛛、青蛙、蝙蝠、雞、鴨、豬、牛、馬等，來做整合的害蟲管理、授粉、翻土、分解、抑制雜草生長或整枝等工作，就可以協助提高土地的生產力和維持地力，人類的工作負荷和對技術的依賴便能降低。

善用動物的服務，可以讓農夫的工作更輕鬆。食草動物每次進食都能幫忙建構土壤，因為土壤下方相對應的根系也會跟著死亡，之後分解成為腐植土。只要妥善管理與應用食草動物，就可以持續此一再生性的正向循環。

「使用並珍惜再生資源與生物性的服務」的策略

- 重視生物資源更甚於石化科技。
- 飼養耕耘雞、翻土豬、除草羊。
- 種固氮植物來取代化學氮肥。
- 木材比金屬和塑膠更好。
- 種植成長快速的樹木來作為暫時性結構建材（例如棚架）。

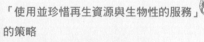

原則 7
Permaculture

系統中的每個元素可產生多種功能

曾在非營利組織工作十多年的慧儀，很能體會此原則的用意。因為這類組織的資源與經費相當有限，工作人員都要身兼數職，從企劃、出納、跑腿、寄信、做道具、發表文章、做研究、辦活動、提出政策建言等等。當累積夠多經驗，多半能夠身懷多種才能，發揮多種角色的功能。我想，擔任主管的人都希望員工能夠符合這個原則。

從設計的角度來理解這項原則時，除了要求認識每個元素之外，只要去發掘每個元素的多種功能，便更能將這些元素以互惠的方式整合起來。

在我的設計當中，至少會先替每種元素想出三種功能。我經常分享的案例，是我的屋頂花園的一角。這個角落有木瓜樹、水塔、四季豆、山藥、廚餘桶等元素。木瓜樹為水塔及其他更小的植物遮蔭，水塔為四周的環境降溫、擋風，並反射太陽光給木瓜樹。四季豆沒辦法攀上滑溜溜的木瓜樹幹，但山藥卻能很順利又快速地爬上去。在山藥成功爬樹之後，四季豆便可輕易地藉山藥之助，往上生長。堆肥桶擋住了風和陽光，幫這幾株植物抵擋強風，造成較陰涼的微氣候，也提供分解者合適的棲息地。

在現今的消費型社會中，許多物品因陷入為設計而設計的競賽，忽略了人們使用這些物品時的功能性。有些物品則是耗費大量資源，卻僅僅提供單一功能。在我的眼中，塑膠牙線棒就是一例。塑膠的最初材料是石油，非常耗能。我很難說服自己每清潔一次牙齒，就丟棄一支塑膠棒。在生活用品的選擇上，我會提醒自己有意識地選擇較好的替代品，避免購買這類只有單一功能卻又耗能的物品。

高尚蟾蜍各種常被忽視之功能

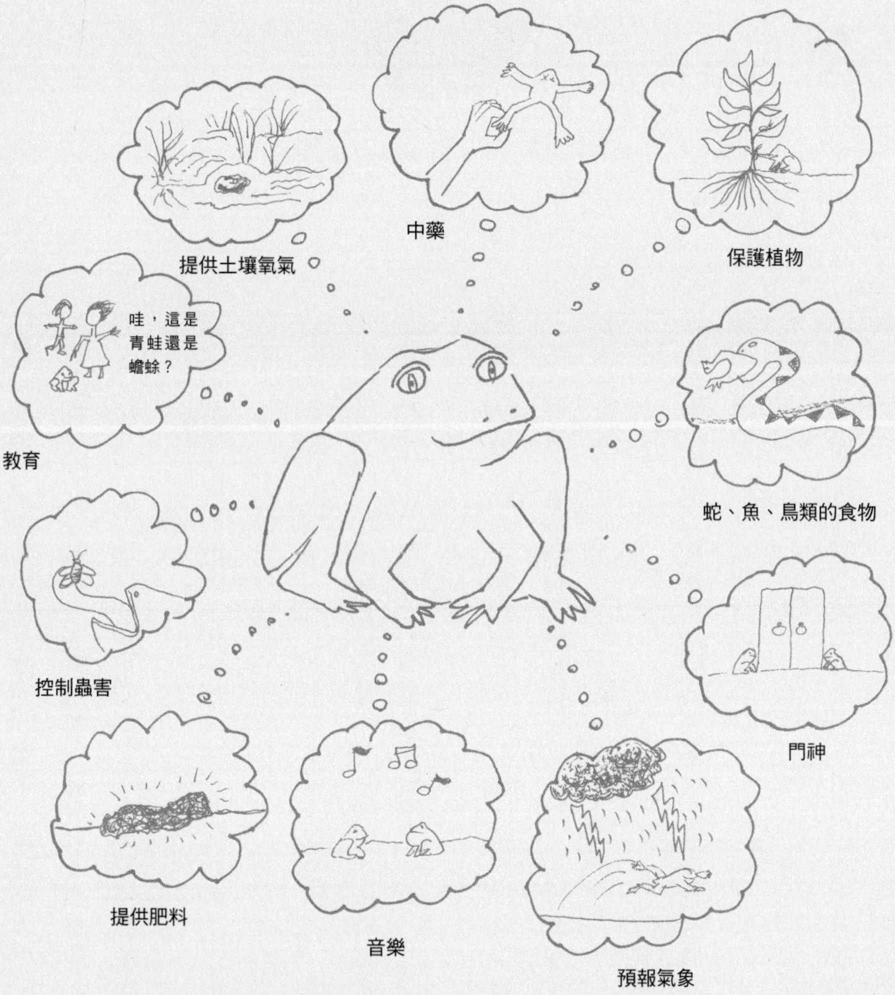

樸門設計原則

「系統中的每個元素可產生多種功能」的策略

- 設計前先分析每個元素的功能、產出、需求，檢視各元素之間可以如何互惠互補。
- 減少使用或購買單一功能的物品。

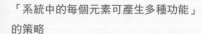

原則8 Permaculture

系統中重要功能由許多元素來提供

從經濟收入來看這個原則，會讓大家最容易理解。多數人會專注於一種專長，或只有一種收入來源。然而，在主流經濟體系不可靠，經濟不景氣的時代，收入很有可能因為經濟風暴而大幅縮水或受到威脅。這時候，這個原則的應用很實際，也變得更加重要。如果你有第二專長或多重收入來源，就會比其他人更容易度過難關。

台灣與地球上很多地方一樣，都高度依賴進口商品、進口能源、進口食品和來自遠地的水。這些物資通常已經被集中化，幾乎沒有多元的來源。很多國家完全依賴幾座煉油廠和核能發電廠、一或二座大型水壩，以及一或二處進口海港。大人小孩每天固定吃內容不變的三餐，導致身處富裕的系統當中依然營養不良。關於這個問題，最直接的解決之道，就是讓這些重要需求的來源多元化，並去集中化。

在樸門永續設計的原則當中，「重要功能」通常是指攸關生存，像是水、燃料、電、食物、收入、新鮮空氣、營養素等的供給。只依賴單一食物來源，對每種生物來說都是很危險的。

在生活中，我落實這個原則的方法就是降低對電與自來水等重要公共資源的依賴。與其用電烘乾衣物，在台灣我跟多數人一樣使用免費的太陽和風來晾乾衣服；雖然房東原本就提供了一台冷氣機，但我們的冷氣使用率幾乎是零，主要還是運用在屋頂種植，藉由免費的樹木與植物提供遮蔭，藉以降溫。在豔陽高照的日子裡，我會使用免費的太陽能鍋來煮飯或燉湯，十年下來，省了不少烹調所消耗的能源，以及瓦斯費和

重要的功能由許多元素來提供

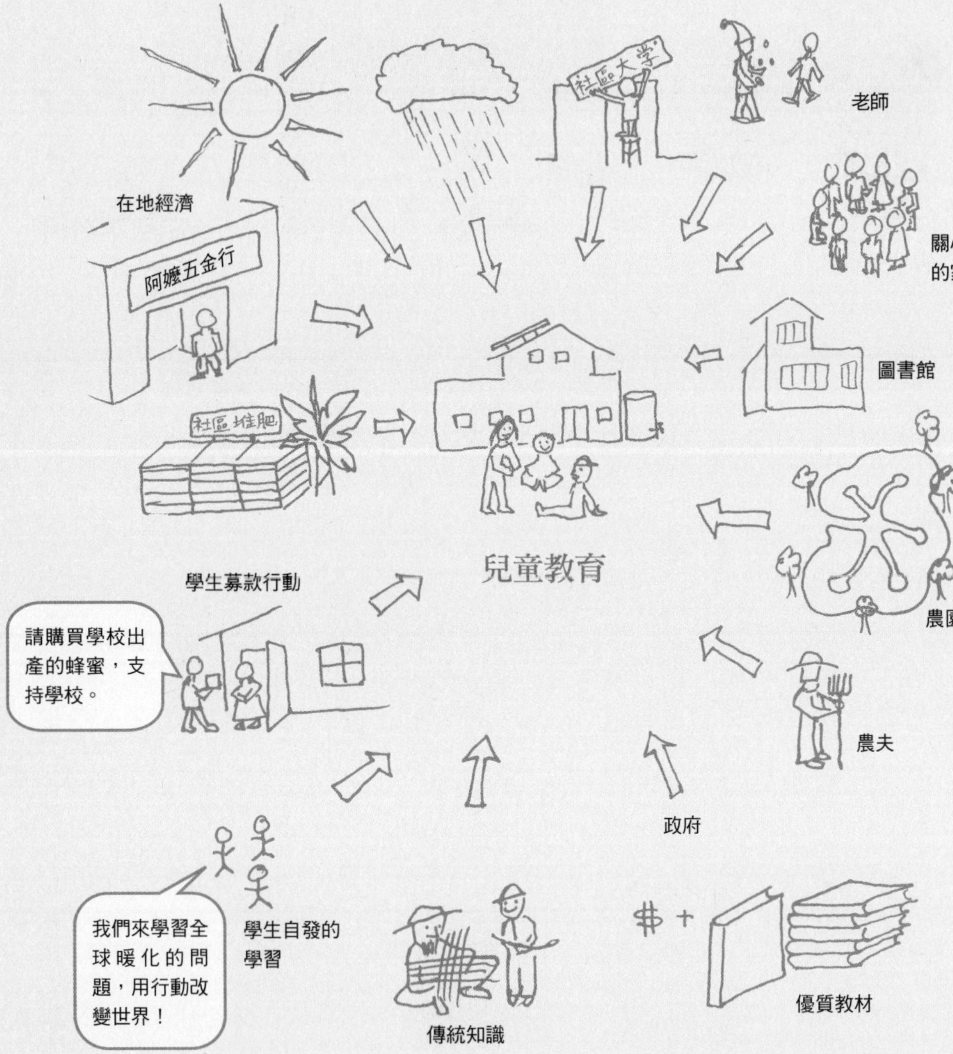

樸門設計原則

「系統中重要功能由許多元素來提供」的策略

- 責任分攤。
- 將重要的功能去中心化，並使其來源多元化（例如能源、水供給、食物供給、多元的收入等）。

水資源很重要，不能只仰賴單一來源。

北市錦安里雨水收集。

電費；白天閱讀的時候，我會移動到自然光線充足又很舒適的位置，減少白天開燈。

為了降低對自來水的依賴，也在屋頂收集雨水。許多人會以為在降雨很多的地方不需要收集雨水，因為不大可能遇上缺水的問題。也有人認為降雨量低的地方收雨水沒有效益，因為可收的量不多。對樸門的設計者來說，能收多少就收多少，是「以備不時之需」最好的策略。就如同許多人不會因為收入很多或收入很少就認為不需存錢一樣，因為這個原則就是在未雨稠繆。

當然，現在的生活還沒到達我對生活的期望。如果可以的話，希望能用太陽能熱水器取代房東提供的電熱器；插電的濾水器則希望能夠用自己做的太陽能蒸餾設施來取代等等。

我拜訪過美國的一個名為七粒種子的樸門農場（Seven Seeds Farm），年輕的農夫就徹底發揮這個原則，他的農場有多元經濟來源，包括：販售種子、菜苗與樹苗、生產太陽能光電、家禽、魚、水果、蔬菜等等。如此一來，萬一某個季節水果因天災而減產，他的生活也不會頓時陷入困境。

原則9 Permaculture 將合理的相對位置整合起來

生態系統是許多不同的成員，包括植物、樹木、真菌、昆蟲、哺乳類、鳥類、兩棲類、蜥蜴和微生物所組成的。雖然每個成員都有各自的需求，但是他們做的事和產出的東西卻可以提供彼此生長所用。當愈來愈多成員加入生態系，尚未被利用的資源將可以善盡其用，而所有的成員都發揮多元的功能，也都被另一個成員限制，所以數量不會無限制增加。樸門永續設計的目的，就是讓人類和地球上其他的成員合作，將彼此之間合理的相對位置整合起來，創造自立自足的封閉系統。

舉一個整合相對位置的實例，是我的第二個蚯蚓小農場。這個蚯蚓小農場是我把放在路邊的舊浴缸撿起來，將它用來當成蚯蚓的家，幫我處理廚餘。蚯蚓是一種對土壤相當有益的蟲子，牠很會吃分解中的廚餘，也會產生很好的腐質土。由於廚餘會產生多餘的水分，於是我將滲流在浴缸底的廚餘水分收集起來，可用來澆灌種在隔壁的百香果。百香果是落葉植物，每年都會落葉，又再次成為蚯蚓養殖槽的覆蓋物，如此形成一個完整的循環系統。

如果將此系統擴大，加入更多元素，例如水池，則當蚯蚓數量大時，可以用來餵養水池中的魚。魚又可以提供人類食物，如同第一〇八頁圖中的案例，每個元素都被整合在相對有利的位置上，彼此互補互惠。提高系統的完整性，維持其安定，朝向自我支持的目標。

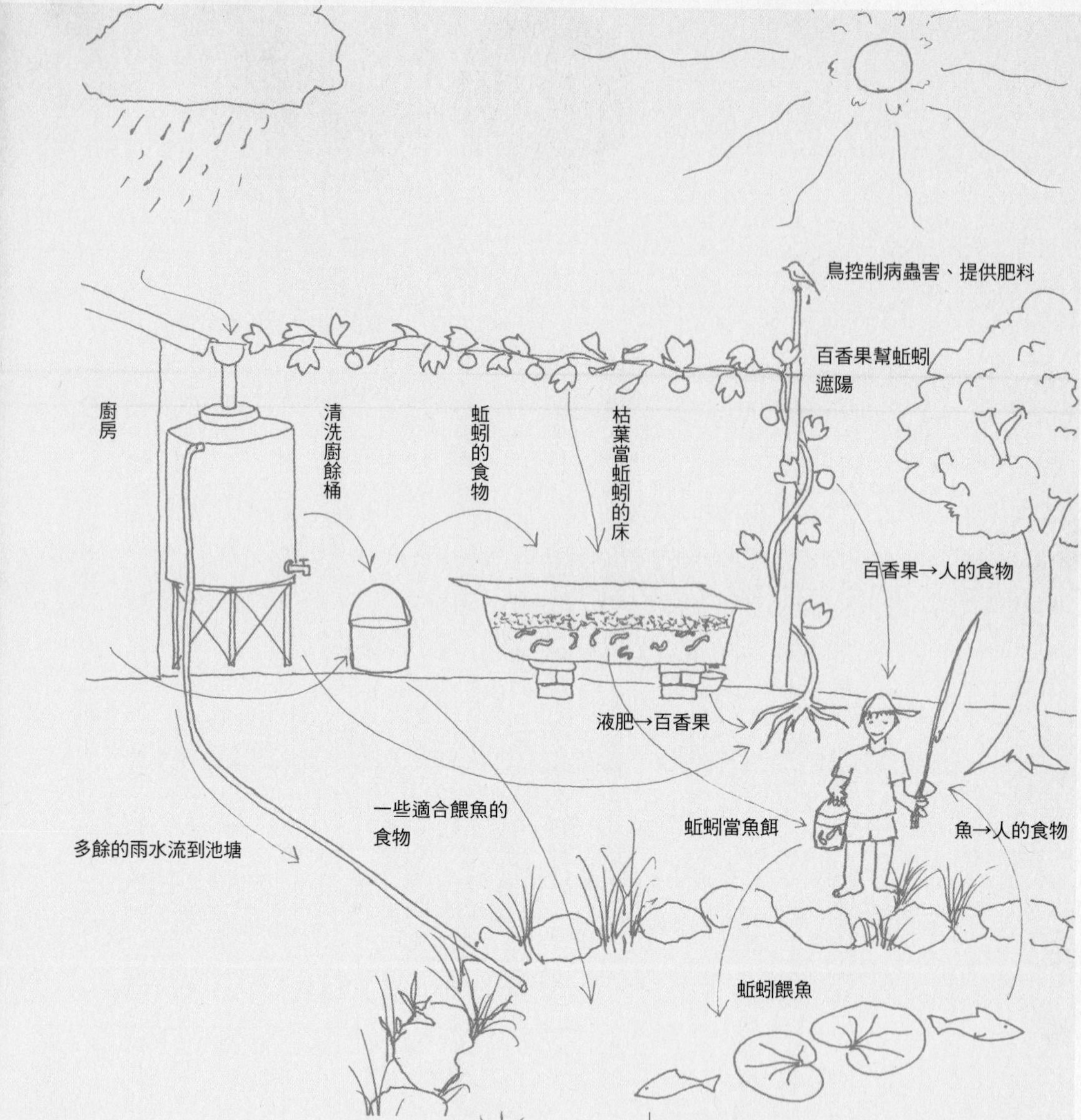

樸門設計原則

「將合理的相對位置整合起來」的策略

- 無論工作、溝通或經商，都用合作而非競爭的方式。
- 把廢棄物系統與食物生產系統整合在一起。
- 設計整合性的土地利用，例如將一塊土地以不同的用途整合起來。
- 將各個組成元素的關係加強到最大。從時間、空間等層次進行植物的整合。

整合六種設計元素：

廚餘、蚯蚓堆肥箱、百香果、魚池、人類食物和雨水桶。

飛魚將被丟棄在路邊的植物視為可用的資源。

原則10 運用並尊重多樣性

Permaculture

從文化的角度來看，保存多元文化內涵是維繫人類存續的關鍵。地方智慧與原民知識都是歷經千萬年所累積的，是各地的人們生存的重要基礎，但是原住民的多樣性文化，舉凡語言、風俗、食物、技術、儀式和禁忌等等，卻正在快速地消失中。

一九九五年，我自己一人來到蘭嶼島上旅行。某天傍晚，我在海邊散步撿東西，巧遇當地一位年輕人，他也在海邊撿東西。我們兩個人年紀相仿，且一見如故。這位年輕人就是當時仍住在台北，投身反核廢料運動的達悟青年飛魚。每次只要有機會和飛魚聊天，總是又再次讓我體會到多樣性是如此的重要。

飛魚生於蘭嶼東清部落，是在傳統文化薰陶之下長大，上山下海都難不倒他。他六歲首次搭乘拼板舟出海，也上山跟隨外公採集打獵，同時對蘭嶼的傳統農作很熟悉；除此之外，還跟他的繼父學會了各種生活工藝。

三、四十年與自然互動的經驗，使飛魚累積了對木頭辨識的獨到功力，他總是把別人丟棄不要的東西視為寶貝，對於許多漢人所不習慣使用或不熟悉的資源，也都能了解其用途。他熟知蘭嶼在地的果樹和植物，隨時指出哪些東西成熟可採收、哪些自然物可以做成有用的生活物品。

我從飛魚身上認識了海洋原住民族的文化觀點與生活智慧，也因為認識他，讓我有機會從更深層的角度去體會環境污染、社會不公義的問題，對原住民族的影響與傷害。學習從不同的觀點與角色，去觀看各個層面的問題，正是長久以來社會很缺乏的能

樸門設計原則

「運用並尊重多樣性」的策略

- 創造吸引益蟲和有益動物的環境。
- 創造年齡多樣性的植物系統。
- 促進基因多樣性（例如植物和動物）。
- 保存語言多樣性。

力。與飛魚這位原住民好友的互動，提醒我不要失去這樣的能力。

即使在城市中，也可以發現多樣性所造成的改變與影響。二〇〇七年，在台北火車站西南方的一條舊街上，我發現了我最愛的台北景點，一棵長在建築物上的大樹。我衷心盼望這個景象還存在，因為它為我帶來許多啟示，尤其是自然本身藉著逐步建立多樣化的生命網絡，來恢復並修復受損地景的能力。

這棵樹木，提供了包括遮蔭、擋風、保水和有機物等成宜居的環境，在這個基礎上發展，最後還可能形成穩定生長的成熟森林。我們的城市和鳥兒都在等待這個契機，也都在努力讓我們知道，他們是如何在市區無人的房屋和空地上，創造生物的多樣性。

想親眼目睹建築與綠意共生的景象嗎？只要在你家院子、陽台或路邊花台撒點種子，再觀察一年，你將看到陽光、土壤和水都集中在你的眼前。

公園可以成為都市生物的棲地，創造生物多樣性。

你的陽台上住了多少種動物與植物？
當我們跟愈多生物分享我們的居住空間，所獲得的自然服務會愈多，例如：害蟲控制、食物生產、肥料、授粉、水的保存、學習的機會、芳香、音樂與美感。

原則 11 Permaculture
應用自治系統並接受回饋

自治型的工作環境（權力=責任）

一般來說，由上而下所構成的金字塔工作生態，是位處在底部下層的人要負責滿足上層者的需求，只有當上層者轉移注意力，底部下層者才稍有喘息的機會。在這種環境下，金字塔下層的人多數只願做份內的事，也沒有興趣建構整體的願景。通常要維持這樣的系統，需要有強勢的管理者，投入大量的能量與努力，但也因此比較容易面臨崩潰的危機。

另一種近年愈來愈受歡迎的工作模式是，所有成員都共享利益，也分擔維持系統運作的責任，例如勞動者共有的合作社。這種型態比較能維持自治，身處其中的成員較能夠建立共同目標。權力等於責任的觀念，讓人從自己的努力中得到更大的滿足感。只要一個人做對，所有人都受益。由此可見，一個金字塔型的工作生態，並無法形成一個自治的系統，得要靠外力來維持系統的運作。

食物生產的系統也是如此，如果我們無法創造自治的系統，就得引進額外的能源來生產我們需要的產品。反之，我們也可以選擇投入較少的方式，來建立這種隱形結構，達成自治系統的目標。以工業化的雞蛋供應系統為例，養雞場中大量飼養的雞是無法得到生理需求的滿足，因為商人只著眼於得到雞蛋這個單一目的，所做的努力只是從外界取得飼料餵養給母雞，這些飼料還需要仰賴大量的資源與能源。這樣的結果，雞會常生病、雞場過於擁擠、太多的運輸和加工成本，甚至生出來的蛋殼很薄、色澤也不佳。這其實不是划算的商業模式。

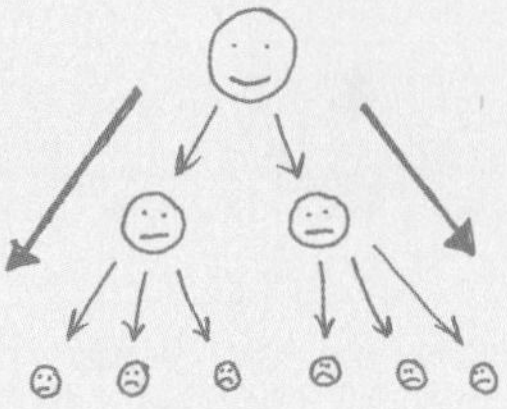

金字塔型的工作環境（權力=金錢）

一個自治的系統，幾乎不需外界能源的投入。雞在這裡自由地覓食，牠們產生的肥料直接回饋給土地，讓更多的植物成長。雞吃小昆蟲獲取額外的蛋白質，也會很開心吃掉人類不要的剩飯菜。這就形成了各司其職，自我管理的系統，不用我們去照料也不會走樣。在這種環境生長的雞，身心健全又活潑，蛋黃如同陽光般的鮮豔。

墨立森曾說：「成功的設計應該使系統具備自治的能力，不太需要外界的物資進入，也不用我們多加費心。」因此，當我們沒辦法支持或改善系統，那就該放手！

地球是最大型也最複雜的自治系統，具有大規模的回應與回饋功能。現在，地球面臨的種種環境問題，正是對我們所引起的全球性改變做出回饋，包括氣候變遷、有毒湖泊、河川乾枯和沙漠化等等，告訴人類凡事皆有極限，應該傾聽地球的訊息，用行動來回應並接受這些限制。

工廠的雞需要大量能源，卻產生大量廢棄物與不健康的蛋。自由放養的雞，不僅能產生美味的蛋與肉，並且不耗能、還能提供各種生態服務。（下）朱慧芳／攝

樸門設計原則

「應用自治系統並接受回饋」的策略

- 採用平等負責任的管理方式，放棄控制權力。
- 幫助人們自力更生。
- 審視自己生命中的負面回饋（上癮症、過度消費、疾病、憂鬱、不快樂等），並逐漸朝自力更生方向改變 。

原則12 Permaculture 使用邊界生態及重視不起眼的資源

邊界生態是指二個生態系交錯的區間，像是池塘、森林、草原、籬笆等等，這些地方同時也是動植物、昆蟲和微生物的棲息之所。在這裡，聚集了二個生態系的能源與物質，可用的資源豐富，生物相更多元，也更具生產力，等於形成第三個生態系。

關於邊界，我們可想到很多不同的事物，包括看不到的溫度或時間，又如同呼氣和吸氣，氣體交換的邊界是一些做冥想的人很重視的。很多有趣的事就在邊界發生，這正是我們要注意的焦點。例如光亮與黑暗、潮濕與乾燥、地上與地下、根系與土壤、土壤與空氣、葉子與空氣、思考與行動、沉靜與狂暴等不同的性質與物品之間都有邊界，只是我們往往忽略了它們。

住在台東鸞山的布農族阿力曼（Aliman），是我的另一位原住民朋友。對許多人來說，大石頭是個可以休息、打坐、倚靠，沒有生命的自然物。但對阿力曼來說，大石頭卻不只有這些功能。他還在大石頭邊緣種樹和種菜。

大石頭下的邊界，對植物相當有利，岩石可以擋風遮雨，風化作用還可以提供礦物質、塵土、養分。石頭的細縫，是收集水分的天然微型集水區。石頭也能調節周邊溫度，更是蜥蜴等掠食者的棲地。另外，岩石還是避免雜草入侵的天然屏障。

當你嘗試沿著大岩石周圍，呈放射狀種植一些蔬菜，會發現每一邊都會產生適合不同作物生長的微氣候，而且只要把水澆在石頭上，整個菜園就澆到了。原住民如此懂得善用邊界生態，是讓大自然照顧他們，也同時照顧大自然的一種方法，實在聰明。

邊界能營造較高的多樣性

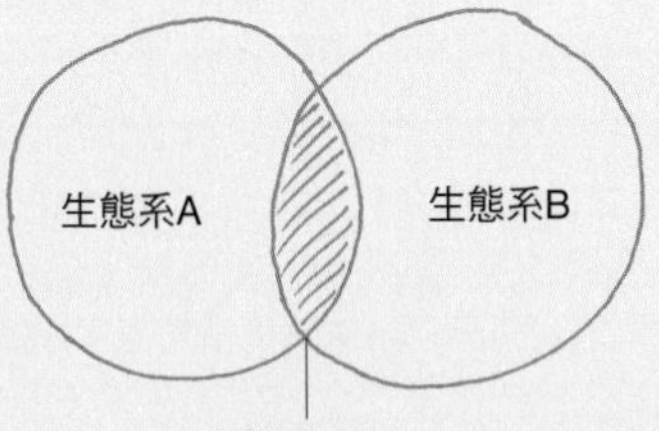

你看到幾種不同的邊界？

雪⟷地面	雪⟷雨
草原⟷森林	風⟷無風
針葉林⟷闊葉林	白天⟷晚上
溪流⟷土地	都市⟷河川
河流⟷湖泊	城鎮⟷森林
活水⟷靜止水	有人⟷沒人
湖泊⟷濕地	平地⟷坡地
空氣⟷水	生⟷死
陰天⟷晴天	地上⟷地下

有沒有注意過，邊界就是世界上最熱鬧的地方？

樸門設計原則

「運用邊界生態」的策略

- 盡可能增加生產力活躍的邊界生態。
- 從所有向度來辨識邊界（時間、垂直、水平、社會、經濟、光線、聲音、運動、空氣、水、年代、形狀等）。

植物可以從邊界資源中獲益，例如石頭旁、牆面與路邊。

我們也可以設計邊界，創造有利的條件，來支持更多生物和多樣性，當生物愈多樣，就表示修復的彈性更大。城市當中有許多不起眼的資源與有趣的邊界生態。有些土地所有權不清楚，或因為維護不當，讓寶貴的城市空間落得廢棄不用。既然各種野生生物和雜草可以占用這些地方，我們當然也可以！

邊界也可以指稱不被重視或遭到忽略的人、事、物、文化、性別甚至種族。現今仍有許多國家的婦女處於極度弱勢，她們多半遭受壓抑與並不平等的對待，難以展現她們與生俱來的才能。而身為一個樸門設計師，當面臨這樣的情況與社會氛圍，當然也可以應用這個原則，設法創造改變，讓原本不被重視的邊緣人力資源發揮其長處，找到能夠被培養與發展自我的位置。

我的樸門教師培訓課程同學堤爾（Til）用模型做解說。

原則13 使用小而慢的解決方法

Permaculture

墨立森認為樸門永續設計的實踐要點，是長時間仔細觀察，而非長時間盲目地付出勞力。使用小而慢的解決方式，讓我們有充足的時間來反思，不要一味地把自己的想法強加於不適當的情境下。當你在試驗或是發明新技術時，這個原則就顯得格外重要。因為一旦採取了大規模且快速的方法，當發現問題後，要再解決或改善就會變得困難許多。

在都市中，由於烘衣機的日漸流行，以及空間的限制，許多人忘了太陽能夠提供我們許多服務，例如曬棉被。多數人也因為冷氣一開就涼起來，而忘了多種植物能逐漸營造舒適的微氣候。二〇〇〇年起，我就開始用太陽能鍋煮食，許多人覺得不可思議，因為煮好一鍋米飯要兩個小時。然而，無論用太陽曬棉被、種植物遮陽或使用太陽能鍋，都是在落實小而慢的這個原則。太陽能鍋與其他適切科技產品，是指用最簡單的方式，有效率地產生想要的結果。這樣的技術，不但觀照了生命周期的完整性，也充分利用在地物資與能源，並善加利用回收材料來製作。（參考第一九九頁）

二〇〇六年，我參加樸門永續設計教師培訓時，需要輪流做教學示範。一位來自尼泊爾的同學堤爾（Til），分享自己的農場。堤爾不像許多美國同學一樣慣用電腦投影片，而是用現場找到的小盒子和樹枝做成模型，來呈現他農場的結構設計。他的3D報告效果奇佳，讓大家留下深刻的印象。我們的老師湯姆・沃德（Tom Ward）說的好，一張照片勝過千言萬語，但一個模型又勝過一千張照片。不用說，堤爾的報告不花一毛錢，也不消耗能源，完全可回收。

使用小而慢的解決方法，也可以讓我們對既有系統的干預程度降到最低。每當我想改善地力，使生態系統更具彈性，會用兩個很有效也很容易記住的策略：由上而下，以及由下而上。所謂的「由上而下」，是指以有機物質做為覆蓋物，以保護土壤，並供應可逐步分解為腐質土的物質。覆蓋物可防止雨水逕流，讓水分滲入土壤，也可做為土壤過度曝露於光照與熱氣的緩衝，提供土壤中的分解者良好的工作與棲息環境。至於，所謂的「由下而上」，則是指種植可自空氣中吸收氮，或是善於將礦物質由地底下輸送至地表的植物。康復利、蒲公英、豆科植物、相思樹都是此類。香蕉樹也是一種能產生大量的腐質土，幫助逐步改良土壤品質的植物。

小規模農耕工作可以用小型的工具來鬆土，如此不會破壞土壤結構與珍貴的腐植土。

友人呂淑芳示範用歐洲傳統大鐮刀除草，這種工具不像除草機需要耗油，它好維護且能代代相傳，除草效率媲美電動除草機。

太陽能鍋烹煮食物，是使用小而慢的方式來回收在地能源的方法之一。

樸門設計原則

「以使用小而慢的解決方法」的策略

- 慢慢地建構土壤。
- 使用適合的技術。
- 土地面積不要超出自己的能力範圍。
- 改變價值觀——小即是美。
- 長期性思考。

許多不同的節能小行動，是能夠產生加乘效果的。例如：雨水收集、用手洗衣、曬衣服、用盆栽種可食植物、用植物遮陽、使用太陽能熱水、太陽能烹飪，以及在家度假減少遠行等等。

樸門讓人們重拾信心，為自己的生活作設計。

原則 14 從設計模式到規劃細節

Permaculture

坊間常出現一些報導與廣告，說哪款新型車種最省能、環保。這些減少污染與降低地球溫度的努力確實值得鼓勵；然而，如果不重新設計交通運輸系統，而把焦點放在特定的汽車生產技術上面，只是為汽車擁有人在設計，而沒有為行人與其他眾多不同交通工具的使用者設想，那就是一種忽略系統層面，過於著重片面的思考模式，改變將會相當有限。

如果考慮城市裡所有組成元素的需求與產物，將城市重新規劃，也許不再需要耗能的汽車高速公路或高架橋來容納大規模的車輛運輸。

如果你有一塊土地，建議在開始做細節規劃之前，要先對環境整體有所掌握，再針對優劣勢、內外在影響等現況來做規劃設計。這個從設計模式到規劃細節的設計原則經常被忽略，一方面是周遭遍布著前人設計的痕跡，另一方面是往往人們沒有足夠的耐心花時間觀察，甚至有時候也礙於平常沒有培養足夠的敏銳觀察力，完成之後很可能暴露在潛在風災、雨災等自然災害，或是噪音、光害等人為因素的影響之下。

從設計模式到規劃細節的設計原則，還與樸門永續設計中的分區規劃（zones）與扇形區位分析（sector analysis，參考第一七一頁）兩項設計工具息息相關；可將這三者應用在不同的基地，大至一整座城市，小至一間公寓。

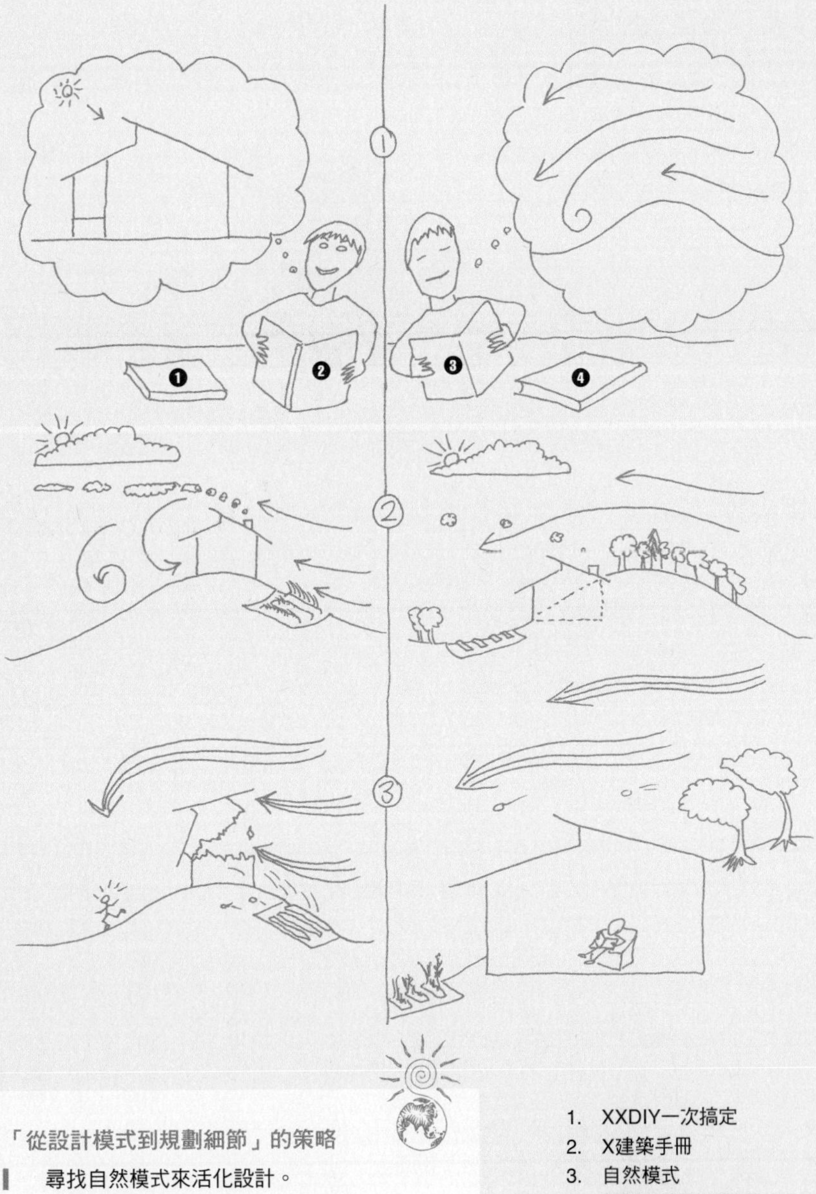

樸門設計原則

「從設計模式到規劃細節」的策略

- 尋找自然模式來活化設計。
- 從系統層面思考，而非片面思考。
- 在設計中考量整體的地景與人類景觀。
- 以生物區位來規劃。
- 全球思考，在地行動。

1. XXDIY一次搞定
2. X建築手冊
3. 自然模式
4. 樸門永續設計原則

比起在錯的地方硬塞進一個特定的房屋設計，根據仔細、長期觀察後的基地狀況來設計你的房屋，才是更好的選擇。

在必經的路旁種玉米，就可以放便就近照顧。

什麼是分區規劃？

墨立森與洪葛蘭將分區規劃，分為第零區至第五區，但由於基地大小、規模與尺度的不同，以及使用目的與需求差別，並非所有的基地都需要有五區，而且如何分區沒有特定的答案，也沒有明確的界線或範圍，每區的大小與形狀、面積也都會有所差異。

也因此，如何分區主要由兩個因素來決定：

因素一：你需要去走訪照顧某元素的次數（例如，計算出你每天或每週需要丟幾次廚餘）。

因素二：區域中某元素需要你去走訪照顧的次數（例如，你每天或每週需要灌溉某棵樹幾次）。

在根據各區域使用的目的與頻率，規劃清楚的分區之後，就能夠進一步將細節的設計納入。墨立森與洪葛蘭兩人提出這五區的概念時，主要是將其功能應用在多年生的農場活動。第零區是人的居所，通常是房屋本身；第一區主要是人類活動的中心，包括農舍、廚房用小菜園、曬衣場、需要每日收成的蔬果葉菜等植物，以及需每日照料的雞、兔等需要持續觀察、經常探視的動物或設施，當然也包括通往這些區塊的路徑等等。

第二區通常是每週只有訪視一次或二次的區塊，可能包括池塘、蔬菜園、堆肥區、溫室等需要每週照料的植物。第三區是農場區，需要每月至少訪視一次，多半種植需要

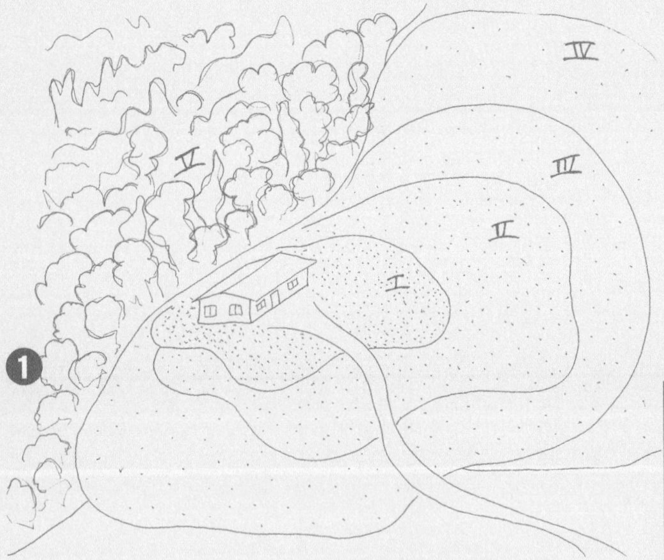

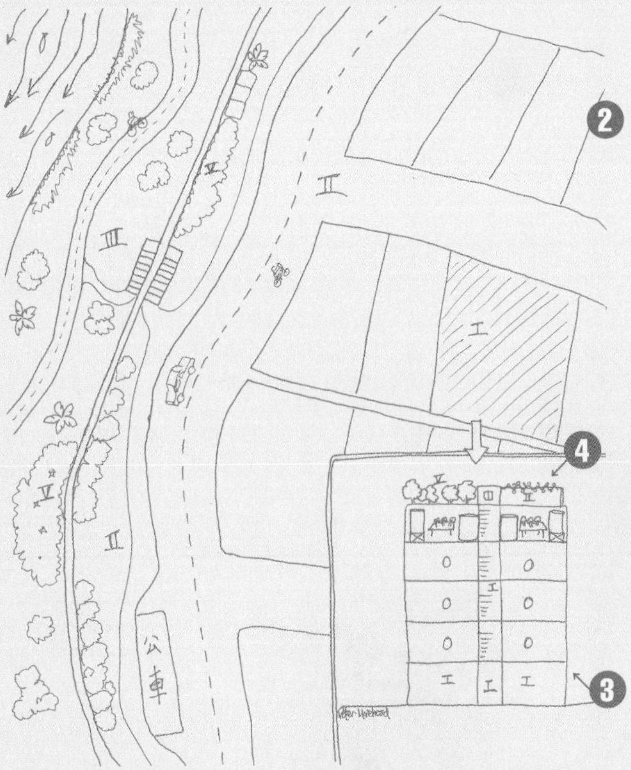

1.
圖中的每個小點，代表這一年中此處被拜訪的次數，元素的分區可以將最需要我們注意的事物放置在活動區域的中心（有時稱為第零區）。
與這裡的例子不同的是，分區從不會圍繞著活動區域形成一個理想中的同心圓，通常會根據通道、地形、障礙物，以及例行性活動來設計。有時候連結第一區和第三、四區，或第五區是很有用的，盡可能地設計出許多小型的第五區則總是非常好的。

2.
在這個都市的例子裡，第二區會在往返公車站牌的路徑上是因為居民每天都會經過，如果農園設置在這條路邊就比較會容易照顧。第三區在河堤外，會是種植果樹或其他有用植物，也是釣魚的好地方。

3.
這個案例示範出台灣典型公寓作為居住型合作社的狀況，居民選擇把一樓當作功用空間，可以當作娛樂間、圖書館、廚房、客廳或托兒所，如此就能讓出更多空間給二樓到四樓的居民。五樓因為嚴重漏水，因此居民當之當作收集雨水和種植香菇的地方。

4.
屋頂可以作為公用空間，種植食用和實用的作物。另外，屋頂可以設計有一個第五區，提供候鳥和蝴蝶休憩，也提供一些授粉及控制害蟲的服務。

較少關注的植物，例如蕃薯、薑、竹筍、果樹等。第四區大多是當地野生可食植物、放牧的動物，以及木頭、竹子等建材來源，屬於長期發展的區域。第五區則是野地，保有本地原生植物，以及未經管理的區域、沼澤地等，作為對照組的學習區。

當然，這五區只是概念的分區，可以應用在不同的基地條件。若以我們居住的社區為例，從家門口、樓梯間到公寓大門是第一區，是除了自家外最常往來的區域。從公寓大門到公車站牌的路線本身可說是第二區。社區的小公園對我來說也許是第三區，是我偶爾會去使用麵包窯或參與社區活動的空間。社區邊緣的竹林區，是採集材料的區域，可視為第四區。而流經社區的溪流與步道是人為少干擾少的地方，是學習觀察生態變化的第五區。

洪葛蘭針對分區做了許多更詳細而深入的描述與反思，並提出分區也應該考慮生態、經濟與文化等外在力量的影響，以及當尺度與規模愈大，個人對各區的影響力就愈小。

近年來，洪葛蘭等人提出第零區的概念，指的是超越硬體的區域，可以是每個人的人心最深處、是每個家的核心、是人與人、是人與個元素之間的互動關係所形成的網絡。

我們的姪女品葳，收成屋頂上所收穫的番薯。

原則 15 有勞有穫

Permaculture

這項原則是洪葛蘭提出的，我特地把它獨立成一類的理由，是因為不管理想多崇高，不管我們多努力要把環境照顧好，終究還是要填飽肚子。尤其，當我對樸門永續設計的認識愈深，就愈理解它是一個相當入世而實際的設計系統，因為樸門強調對人的關懷，這項原則就是「照顧人類，分享多餘」的倫理。沒有人可以餓著肚子做事，所以我們也要讓自己投入的心血獲得某種程度的報酬。

這裡的收穫不一定是指金錢，而是產出。從能源效益的角度來看，樸門也強調事半功倍，因為我們的世界也不容許我們隨意浪費掉所投入的能資源、空間與時間，有投入應該要有預期的產出，人類才能生存。大自然中的生態系統也是如此，一隻母鳥不會整天四處飛，只是為了好玩而已。

全球樸門推動者經常強調的可食地景也是一例。在人類居住的地方，可以選擇不同於純粹裝飾性的景觀，與自然和諧、具備美感、實用和食用功能的樹種與物種。這個觀念也是提高能源效益的栽種原則，因為在不久的將來，尤其在城市地區，可能不會有足夠的能源耗費在食物與物資的長途運輸上。

在明智的管理和適切技術的運用之下，我們可以透過設計，讓自己整年都可以吃到生長在住家附近的食物。舉例來說，在果樹還沒長大成熟之前，可以先種一年生和多年生的蔬菜。做好樹木保護措施之後，也可以養些動物來提供除草服務，以及其他肉、蛋、皮革與乳類食品。在種稻的過程中，可以同時養鴨和魚，讓牠們相互支持，一舉數得。

或許是因為懂得善用這些原則與實際作法，我所認識的樸門老師都過得富足又健康，他們並不會不著邊際，踩在雲端上生活。因為深知如何與大自然合作，以及有勞有穫的道理，他們為自己或他人所做的樸門設計，都是以最少的能源投入，在不傷害與剝削環境的前提下，獲得最大的產出，而不是投入大量人力、能量與資源，收穫卻不成比例。

當今全球能資源枯竭，地力盡失的情況下，我們更沒有條件一直「做白工」，卻想生存下來。模擬大自然的生產模式，借力使力，讓大自然幫助我們生產，才能夠有勞有穫。

只要善用樸門設計原則，就可以在不傷害與剝削環境的前提下，以最少的能源投入，穫得最大的產出。（上）邱雅婷／攝

樸門設計原則

「有勞有穫」的策略

- 記帳，了解投入的資源與收入的關係。
- 從產品的生命週期檢視能源效益。
- 從看似無利用價值的物品中，得到收穫。

現在，就重新設計你的生活！

在認識了前面所列舉的樸門永續設計的原則與應用實例之後，我想跟大家強調，他們都只是千萬種方法中的幾項，而原則應用的範圍也沒有侷限。只要能夠靈活思考，即使你是一個公司的經營者，也可運用這些原則來經營公司。家庭主婦主夫也可將某些原則應用在家事管理、親子互動以及親友關係的經營上。

現在，去看看窗外！不要懷疑，就是現在，走到窗前向外看，你看到什麼？

你會發現眼前所見並不是你的設計，可能只是種種巧合所拼湊出的景象；也可能是很多人精心設計的結果。你知不知道是誰？設計者認識你嗎？從窗外的景象當中，你可以找到有倫理價值觀的線索嗎？有沒有發現任何可以滿足生態、地方經濟或社會互動等不同需求的設計？有沒有看到任何類似自然模式的地方？

這些問題在樸門永續設計的世界裡，答案都將是大聲地說：「YES」！

chapter 4

實踐永續之夢的經典案例

借鏡他山之石

我造訪過幾個生態社區，以及以樸門為實踐理念所經營的農場。這些案例各有風采，值得取法學習，相信也會激勵大家朝向實踐永續生活之路邁進。

在學習的歷程當中，除了完整的設計課程、閱讀書籍、實際練習之外，參觀他人的案例，從所見所聞中理解、消化吸收，也是樸門設計師重要的成長養分。

過去，我造訪過幾個生態社區，以及以樸門為實踐理念所經營的農場。這些案例各有風采，值得取法學習，也刺激我思考與探究，幫助我更清楚地看見，當我自己擁有一塊地時可以如何設計、如何達成自己自足的田園生活，甚至如果想集結志同道合的朋友時，眾人要如何逐步實踐永續之夢。

當然，在養成過程當中，帶給我啟發的不只有樸門的訓練。我的有機農法師父——大衛．彼得森所闢建的農園，從整體設計，以及他呵護土壤、植物與農場經營管理的哲學來看，早就超越了許多人，與樸門永續設計的理念不謀而合。因此，一個有心朝向永續生活的人，可以憑藉著自身對環境的觀察覺知、對萬物的愛，也可以營造一個永續的園地。

對於一心想要實踐理想生活的我，前輩的努力如同能量匯集的浪頭，把我往前推，讓我更順利乘著浪頭前行。

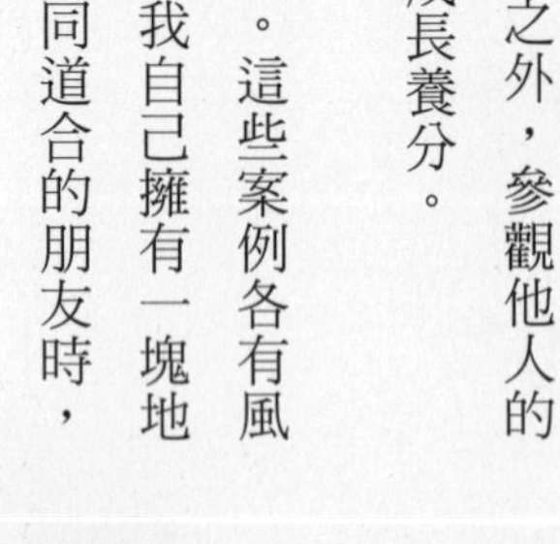

大衛是著名的「蒜頭達人」，許多蒜農都會尋求他的意見。

大衛的楓樹有機農場

——一座擁有樸門精神的農園

一位有機農，是農業活字典、是綠建築專家

在美國威斯康辛州中部的楓樹有機農園當學徒，是我全職學習經營與管理農園的初次經驗。農園位於僅有一百多人的小村子，鄰近農園不是已經廢棄了，就是賣給了跨國食品大公司，種植薯條、薯片等垃圾食物的單一作物。

像大衛這樣為了環境與人類健康從事有機農業的農夫，在他的村子被視為怪人。他擁有四十多年的有機農業經驗，對我來說是一部寶典，可惜村子裡很少人了解他們眼中這個怪人，對社會有多麼珍貴。

大衛對於植物與動物都有他細膩與特殊的對待方式。他認為動物有自己的世界，所以對於進入他農園的動物，只要傷害不大，他多半以放任不處理的態度面對，不會對動物生氣，更不會花力氣想辦法除掉他們。

許多來到楓樹有機農園的人都讚歎農園的美麗。但大衛深知，農園的美感是來自健康的

收集一種在地能源：楓樹液。

植物，與健康的土壤。他所種的蔬果只要健康，自然會充滿能量與美。基於這樣的信念，大衛盡其可能為園中所有的生物，提供最好的生長環境。他認為植物就跟人一樣，有自己的個性，因此常跟植物說說話。在跟他人談論到園子裡的植物時，我也很少聽到他用「它」（it）來指稱他們。

大衛不僅以優質的食物餵養了許多鄰近地區的人，也在生產食物的同時，為野生動物保留了安全健康的棲息地。在那裡的歷練，為後來我學習樸門永續設計的歷程提供了先備知識與經驗，尤其是土壤的復育。

除了種類多元的一年生蔬菜，大衛也以出產高品質的有機蒜頭與楓糖聞名於美食餐廳。我很幸運地，有機會跟他學到如何栽培、處理這些我不熟悉的作物，例如為蒜頭編辮子、整套萃取有機楓糖的流程。大衛還擁有一些寶貴、非學院派的在地知識，簡直就是一本有機農業活字典。例如，他可以準確地從每年丹頂鶴出現在農園的日期，來判別楓糖採集的時間。

在我這個學徒眼中，大衛也是個自學的綠建築專家。他靠著多年的觀察與自修，早在二十多年前就為自己蓋了一棟名符其實的低耗能建築。在下雪五、六個月的威斯康辛州中部，當家家戶戶都使用電力或煤氣暖爐、繳交昂貴電費時，大衛的房舍卻僅需要燃燒數小時的薪柴，就能將熱保留在兩層樓的木屋內，維持一整天的溫暖。如此高能源效益的房子，需要良好的保溫、熱對流與傳導設計才能達到。

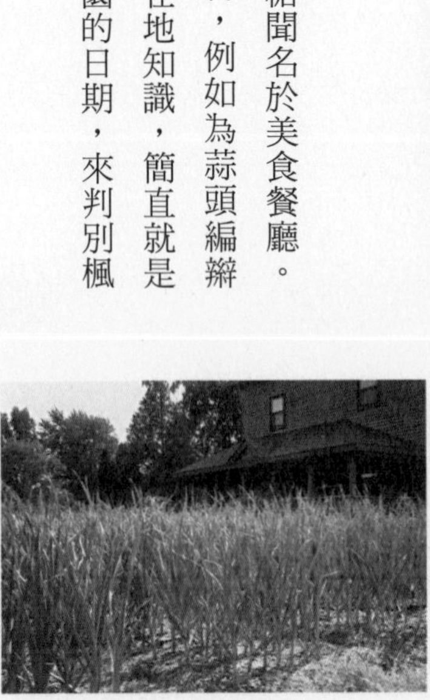
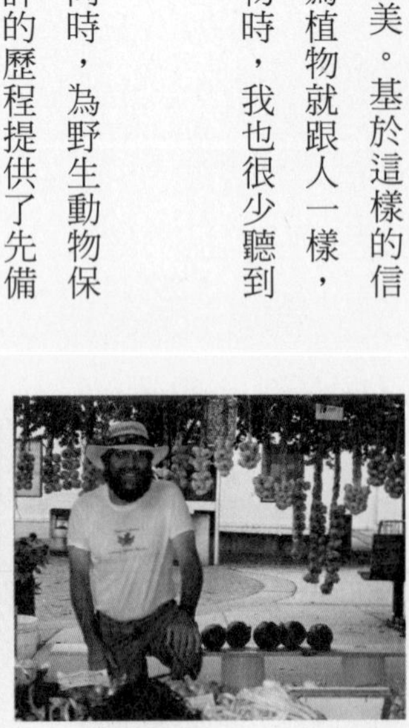

由於意識到能源效率的重要，大衛於是將他的前院改成農園，比起設置較遠的農園，這樣的管理更為方便。

樸門永續設計的原則及策略可以被應用在地球上任何一個角落。在溫帶的威斯康辛州，農夫需要學習保存食物、打獵、或釣魚等來度冬，或設法在四季都能有收穫。楓糖是冬季與春季交界（另一種邊界的效益）時節的農產，在農園沒有任何其他生產的時候，更是重要的收入來源。

社區支持型農業是小農的希望

雖然我鼓勵人人都可以成為食物的生產者，但事實上並非每個人都能夠有足夠的時間、空間等條件來自己種菜，專職的農夫當然還是我們主要的食物來源。然而，用農藥化肥、超大耕耘機支撐起來的大型商業化食物生產系統，將農人的利潤壓到最低，根本沒有合理的收入，許多老農夫因為無法償還借貸而走上自殺一途。這不僅是第三世界國家農夫的寫照，在美國許多農人的生活也極度困窘，喝農藥自殺的事件時有耳聞。

我作為大衛的學徒，看他一人幾十年來獨立撐起一座有機農園，實在相當不忍。幸而，當時我得知了社區支持型農業的構想，便迫不及待地為大衛這個不大與人打交道的前輩，創立了社區支持型農業系統，不僅幫助他開闢新的收入來源，也為他與鄰近社區之間建立更活絡的互動關係。

一開始，我在附近鄉鎮的有機消費合作社、農夫市集、大學的公布欄張貼廣告，宣傳社區支持型農業的理念，並公布我們的會員制度如何運作。在種植季節開始前，會員以繳交會費的方式集資（例如，一季五百元美金），支持大衛未來一季耕種所需投入的部分成本。當進入收成期之後，會員可以每週取得農園的農產，直到雪季來臨，農園不再生產任何作物為止。

這個系統的意義在於，消費者與生產者共同承擔各種食物生產系統中所可能遭遇的風險與甘苦。如果幸運地遇上收成豐盛的季節，會員能分得的食物量較高，而萬一在生產季

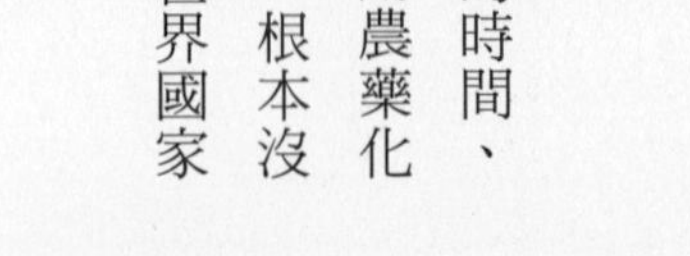

在夏季，支持楓樹有機農場的社會員，每週獲得的蔬果量非常多元又豐富。

時遭受偶發的自然災害而有損農收，會員也不會要求退費，也就是會員在加入時都承諾與大衛一起承擔食物生產風險。坦白說，這是一種挑戰人性的制度，但卻是充滿愛與關懷的承諾。

起初，我們招募了將近三十個家庭。每週，我們的會員都可以收到五顏六色的新鮮蔬果。春天，楓糖收成的季節，還可以獲得一瓶高品質的有機楓糖。由於農園裡總是開著各種顏色的花朵，所以會員除了當週收到新鮮營養的蔬果之外，通常也會收到一束繽紛的野花。此外，也有季節性的覆盆子、藍莓等美味珍貴的野果。

為了加強會員與農園之間的連結感，每週我都會做一份會訊，分享這週蔬果生長的情形、採收的狀況、農園發生了什麼有趣的事情，或是遭受到什麼蟲害或意外的霜害，同時也會提供環境與農業相關的訊息。

低碳食物，對環境的意義重大

農忙時，我們也邀請會員來幫忙，讓會員透過與農夫以及土地的互動，更了解食物的來源，也會自然而然更關心土地的健康。運作這樣的在地農業支持系統，可以排除資本社會中主流的集中式經濟模式，大幅縮短消費者與食物生產者之間有形與無形的距離，也確保農夫能安心地為消費者生產健康、無農藥，甚至充滿能量與靈性的食物。從更廣的社會意義來說，還能引導現代社會漸漸脫離對化石原料的依賴，確保糧食安全。

大衛向會員解說。這是讓人們認識食物來源的最佳方法。

離開楓樹有機農園已經將近十三年了，但每年回家鄉，我一定會去探望大衛，聽聽過去一年農園裡有什麼新變化。近年由於農糧問題日漸受到重視，大衛經常受邀到威斯康辛州立大學去分享他的經驗與專業。然而，大衛脾氣因為有那麼一點兒古怪，許多年輕人覺得他不好相處，並不容易找到一位願意跟他長期學習的學徒。我仍衷心地盼望能持續有年輕人去向他挖掘寶藏，也感謝他給我機會，認識他這樣一位博學的有機老農夫。

長者的智慧與經驗就像陽光、水、土一樣，不能流失在現代社會的潮流當中。唯有世世代代不間斷的學習與傳承，才是真正的永續。

樸門小百科

社區支持型農業Community Supported Agriculture (CSA)

社區支持型農業是在地飲食運動的一環，最早在一九六〇年代的德國、瑞士與日本都有人推動。一九八五年前後也在美國一些比較進步、環保的社區間推動起來。在此系統中，為消費者服務的農夫不是數千公里以外另一個國家的農夫，而是與他們居住在同一個山脈，甚至同一條流域的農夫。如此能將食物里程控制在一定的距離內，是一種有效率使用能源的消費模式。

在台灣，早在近二十年前就有了類似社區支持型農業的消費者運動，最具代表性的應屬主婦聯盟基金會發起的共同購買。但最接近會員承諾無條件支持農夫的作法，最早應該可說是二〇〇四年由賴青松發起的穀東俱樂部。令人欣慰的是，經過數個先驅者的努力，這兩年來社區支持型農業的系統也已經在台灣風起雲湧了！關心有機小農的思潮已經匯集成一股正向力量，在改變台灣社會。

楓樹有機農園的會員與友人，在結束了一天的蒜頭收成工作之後，愉快地聚餐。

親身造訪生態社區

我在前往澳洲接受樸門永續設計訓練前後，曾經造訪幾個澳洲的生態社區，也在樸門理念之下的農場實習。前往澳洲之前，我加入了「有機農場志願服務組織」（Willing Workers on Organic Farms, WWOOF）。透過這個組織，取得許多生態社區和有機農場的資訊，從中尋找有興趣的實習場域。在眾多選擇當中，我挑了五個各具特色的生態社區，親身體驗之後對生態社區有了更深的認識，但也從中得到一些反思和新的想法。

生態社區（eco-village或eco-community）是意識社區（intentional community）的一種，多由一群拒絕加入現代文明盲目發展趨勢的人，聚集在一起所創造的永續聚落。這群人憑藉著共同的理念與價值觀，回歸家庭、社區與土地，重新拾回身為人的基本技能，創造以人為尺度的生活環境，並學習如何在有限資源的限制下，更有意識地經營可以世代傳承的生存模式。居住者的活動，皆無害地融入白然環境，讓其得以健康發展，並且成功存續到無止盡的未來。

一九八〇年代起，生態社區的營造模式漸漸成熟，也變得更有組織。無論是鄉村型的生態社區或是城市的居住型合作社（co-housing），其核心價值都是盡力在食衣住行育樂各方面，以自己所屬的生物區域（bio-region，註）成為賴以維生的範圍，盡力做到自給自足，並透過互助與才能、勞力的交換，降低對金錢、對主流經濟體系的依賴。

透過簡樸和互助，身心靈皆富足

在這個願景引導下，生態社區多半具有一些共同的特色，例如推行社區貨幣制度，輔助在地經濟活動；自營有機農場或是參與社區支持型農業系統；經營小型且對地球環境友善的社會事業；以當地的建材修築自然建築，營造居住空間；發展適切的技術，以及包括使用當地開發的再生能源、水資源的保育與管理、廢污水的現地處理、居民共食、共煮、共學等等。

這些生存技術與策略固然都是生態社區最容易讓人理解的外顯特徵，然而，生態社區真正的意義比這些技術都來得深遠。近年來，德國、英國、美國、瑞典等國都有研究證明，生態社區對生態環境的衝擊遠小於一般的傳統社區。

根據研究，這些生態社區的平均金錢收入雖然較低，但生活品質與幸福感卻高出許多。因為其核心價值是追求人與人、人與自然萬物的和諧關係。由於降低了對金錢的依賴，居民有更多時間從事創作、工藝，並追求靈性層次的滿足與富裕。碳足跡也僅有一般社區的三分之一到四分之一。生態社區的存在證明了人類可以透過互助、自願性簡樸，以及低環境衝擊的生活模式中，獲得快樂與長久的富足感。

註：

所謂的是「生物區域」（bio-region），是以自然地理與環境的特性作為劃分區域的條件，例如流域、土壤或地形特徵。生物區域主義者強調生物區域的劃分也存在著文化因子，並強調在地知識。無論教育、飲食、工作與土地利用等方面，都以生物區域為基礎。

宜營生態社區

——遺世獨立的生態社區

我所拜訪的五個生態社區，多半位於自然環境優美但相對偏遠的地方，甚至有的社區完全沒有任何公共交通系統。往往我得搭好幾趟便車，加上步行，才得以安全地到達目的地。其中，宜營生態社區（Bundagen）就是這樣的一個所在。而在當地原住民的語言中，「Bundagen」的意思是「紮營的好所在」。

宜營社區成立於一九八一年，位於新南威爾斯海岸，是個遺世獨立的社區。二百多位成員中有半數是成人，當初成立生態社區的主因是為了保護當地沙灘與復育森林，以阻止該地區的負面開發威脅。從社區步行五分鐘就能夠到達一片宛如仙境的無人海灘，在農場實習工作一天之後，我經常一個人獨享整片海灘，接受海洋能量的洗禮。

社區裡的大小事情，主要透過居民大會進行磋商，達到共識後才執行，因此每次開會都花上相當長的時間，似乎顯得沒有效率，但社區的人卻認為，如此耗費時間的會議模式是非常值得的，因為唯有每個人都認同某一決定，才會由衷地支持與落實。

開發以人為尺度的公共設施

宜營生態社區裡沒有公共電網，也沒有自來水，一切都仰賴居住者自己開發，因此設計都是以人的尺度為規模。當時的居住者中有不少反對現代高科技的人，包括接待我的主人彼得（Peter）。彼得是匈牙利移民，年輕時是一位建築師，也是潛水家，他後來成為一位反機械化主義的支持者，也是一位無政府主義者。但別以為他是個憤世嫉俗的老先生，其實他很樂於分享。

彼得擁有一片私有土地，據了解，當時社區中只有他應用樸門設計來規劃農園。彼得很大方地與我分享他如何運用樸門設計原則。當我初次造訪彼得幾近自給自足的樸門家園時，還沒有受過樸門的訓練，不過經由他的介紹與解說後，留下非常深刻的印象。

彼得將每個元素妥善安排在最適切的位置，使其發揮最高的效益，例如順應自然的方法來收集雨水、照顧土壤等等。尤其農場的外圍，有著一排排沿等高線種植的果樹，在順應地形、保土保水的種植方法下，無需耗費大量的灌溉水源，就能長出甜美果實。

住在遺世獨立的生態社區需要有清楚的價值觀與定見，也要有強烈的決心。彼得夫婦能夠把慾望降到最低，徹底實踐簡約的生活並不簡單。當時，他們生活中的需求，絕大多數是藉由與鄰居、國際志工換工，或是透過以物易物取得。彼得曾說，透過接待許多不同文化背景的志工，他不需要出國遊歷、不需要電視與網路，就能夠認識這個世界。

在理想與現實中找到平衡點

有趣的是，雖然名為生態社區，出乎我意料之外的是，彼得的社區友人當中，有不少人並沒有自己的菜園或果園，沒有自己的食物來源。居民多半比較重視如何興建環保、低環境衝擊的建築。也有人仍然每天開車一個小時到外地上班，並非如許多文獻資料中所介紹的生態社區，居民是完全獨立於主流經濟。

或許宜營生態社區就是這樣一個自由的生態社區吧，它不依靠嚴格的規範來維繫成員。只有某些共同的社區規約，希望家家戶戶用各種自願性的手法來降低對環境的衝擊。社區成員對於形塑社區文化有高度的共識，因此社區中並沒有特別的公共設施，但有一座小而美的社區中心，是社區互動的硬體核心，也是人與人建立社會關係最重要的所在。

親身體驗了生態社區之後，我認為一群人可以按照自己的理想來創造社區，還能保護環境與自然共榮，非常令人嚮往。然而，我也發現，為了因應不同成員的多元需求與想法，每個生態社區都有自己的走向與理念。一群人要共同經營一片土地，需面臨與解決諸多挑戰，設法在理想與現實中找出平衡點以及可行的模式。

離群索居創造的生態社區雖然能夠降低生活的環境衝擊與碳足跡，但居民如果需要經常往返市區，或是連前往鄰居家聚會，都得要開車不可，似乎又違反了初衷。這個問題的兩難，直到我結束了樸門的課程訓練，來到羅賓設計的鴨嘴獸農園（Djanbung Garden）以及彩虹之家樸門鄉居社區（Jarlanbah Permacultrue Hamlet），才獲得解答。

宜營社區成立的原因之一是為了保護美麗的海岸，以免被不當開發的命運。同時也提供一種人類聚落與海岸環境友善共存的可能性。Ariana Pfennigdorf／攝

羅賓的彩虹之境樸門鄉居社區

──永續生活的最佳典範

鴨嘴獸農園以及彩虹之境樸門鄉居社區的設計師羅賓・法蘭西絲是國際知名的樸門永續設計家，也是樸門永續設計這個寧靜革命的重要推手。她被認為是澳洲最具有國際經驗、前瞻性與實力的永續生活講師與專業設計師之一。

近年來，羅賓創立樸門永續設計專業訓練認證，以及學位系統（Accredited Permaculture Training，APT），使得樸門永續設計成為澳洲正規教育體系認可的一部分。值得一提的是，羅賓也是一九八〇年代的創作型歌手，寫了不少逗趣幽默的樸門歌曲呢！

羅賓在高中畢業後，就離開澳洲周遊各國，學習世界各地消失中的傳統智慧與生存技能。回到澳洲的羅賓，在雪梨的市民活動中巧遇墨立森。墨立森向她說明樸門永續設計的概念時，她心想這不就是自己一直以來在追求、學習的嗎？於是，羅賓加入墨立森、洪葛蘭等人，並建立了深刻的友誼，結下了她與樸門一輩子的淵源。

羅賓在學習了樸門之後，唯一能夠立即應用的是雪梨市中心租賃公寓的後院小花圃。初到那間公寓時，小花圃雜草叢生，而且土壤來歷已不可考。羅賓雖然知道城市中的土壤

國際知名的樸門永續設計家──羅賓・法蘭西絲。

多少可能遭受污染，但她想要實踐樸門生活的動機非常強烈。

於是，羅賓收集大量的廚餘、瓦楞紙板、稻草、枯葉，在原本的小花圃上舖成厚達三十公分的「花床」，在這花床上種下一棵棵可以食用的植物。她知道，只要累積夠多的有機質，等一段時間慢慢分解後，土壤中的腐植質便能吸附許多污染物。在短短的時間內，她在雪梨的自家後院創造了種類多元、又兼具層次美感及空間效益的小菜園，還意外吸引電視台的訪問。節目播出後，詢問的信件如雪片般飛來，羅賓只好將自己的經驗寫成小手冊，自行印刷出版。小手冊不僅為她帶來小小的經濟收入，也開啟了她推廣並實踐樸門永續設計之路。

樸門小百科

羅賓在台灣播下的樸門種子

羅賓的足跡遍及全球，包括澳洲、美國、古巴、紐西蘭、德國、印度、印尼、巴西、法國、台灣等，累積了在各種多元文化背景下教授永續生活設計課程的經驗。至今已經教授過近一百二十屆，每次為期兩週的基礎設計課程，授課經驗之豐富無人能敵。

因此，當大地旅人工作室在二〇〇八年首次將專業的樸門永續設計基礎課程系統引進台灣時，羅賓是我心目中最理想的邀請對象。羅賓共在台灣教授了近七十位樸門種子，她在台灣的授課不僅充滿知性，羅賓直言不諱卻又富含幽默感的個人特質，為台灣學員帶來許多前衛的新思考、刺激與靈性的成長。

2009年的樸門永續設計課程中，羅賓引領台灣學生感受不同的微氣候。

生態社區應體現有效率的能源規劃

澳洲的尼姆賓鎮（Nimbin），從一九七〇年代起就聚集了許多藝術家及環保人士，是個崇尚自由、和平與多元文化的聚落。羅賓所設計的鴨嘴獸農園以及彩虹之境，就位於這個有趣的小鎮。

就生活機能與社區互動而言，這兩個聚落，都擁有相當理想的位置。這當然不是偶發的巧合，而是羅賓對於生態社區的設計與規模有其見解與堅持。

羅賓曾跟我分享，營造生態社區是許多人的夢想，但許多人最後選擇在一處僻靜自然，卻過度偏遠的地點落腳，這些地方距離學校、醫院、行政中心等公共設施都有一大段距離，使得生活起居比以往更加依賴汽車。

此外，如果生態社區幅員過於廣大也是不盡理想的，即便在同一個社區內，很可能只為了帶孩子到鄰居家玩耍或共同學習，就必須開著車子到處跑，失去了原來共同營造生態社區的初衷與意義，反而本末倒置。

羅賓在受邀設計生態社區以及在尋覓自己的家園時，都會謹記著這樣的原則，如果有人邀請她設計的社區過度偏遠，往往會遭到婉拒。對她而言，能夠善用現有的公共設施，就是體現有效率的能源規劃。

在彩虹之境，人人享有陽光權

彩虹之境樸門鄉居社區距離尼姆賓鎮中心僅約一點五公里，面積約二十二公頃，是一個鄉村型住宅開發社區。羅賓在此基地規劃四十三戶住宅，每戶約占二至三千平方公尺。在規劃之初，就訂定了居民必須共同遵守的社區規約。買主所支付的購地費用，還包括兩週樸門基礎課程的學費。基於飲水思源與感恩過去原住民對這片土地的呵護，入住者都同意繳交象徵性「租金」給當地的原住民組織，作為原住民文化工作推動的基金。

在彩虹之境，家家戶戶都享有陽光日照權。入住後，也不能因為改建或其他目的損害他人的陽光權。此外，高能源效益的被動式太陽能房舍（passive solar），為了降低電力需求量，每戶都只提供居民二〇安培電力（一般澳洲住家電力的五〇％）。另外，社區居民還規劃了再生能源發電的基金，支應日後共同購買能源的經費。

所謂的「被動式太陽能設計房舍」，指的是應用熱的傳導、吸收、對流與分布的原理，在不使用電力，而是在適當的需求與情況下，收集、儲存、傳導熱能，以及透過對流等方式，創造自然的通風、採光、隔熱、保溫，讓房子在夏天涼爽、冬天溫暖。

除了電力供應之外，羅賓也相當重視水資源保育，除了設置雨水收集設施，社區內所有的中水與污水都經過現地進行處理與回收。社區景觀大多利用可食地景來取代傳統景觀美化，達到生產食物的功能。另外，耗水、難照顧的草皮不超過基地面積的二〇％。

鴨嘴獸農園的拋物面型太陽能鍋。Robyn Francis／攝

荒野復育用地占社區一半以上

樸門永續設計強調人與自然共存，絕不是說說而已。在基地的功能分配與設計方面，盡可能與自然界的其他成員分享空間。住宅區所占的面積不到總面積的一半，其他區域則劃分為雨林復育區、有機種植區，以及永續林業區等用途。這些區域的規劃，考量到居民生活所需都應盡可能在社區內取得。其中，雨林復育區除了作為森林用地之外，也包括保育當地河川的原生物種、種植可食用的灌木及工藝用植物的保育，森林用地當然同時又扮演生物棲息地與廊道的角色。

彩虹之境有八％被規劃為幾塊永續農業區，且錯落於住宅區之間，提供給居民租用或作為社區共有的食物生產用地。無論你住在社區的哪一個角落，住家附近都有菜園可使用。另外，被劃為永續林業區的地方，主要生產薪柴、家具與工藝的作物，同時也扮演著棲地保護區的角色。

社區內有部分區域作為純開放空間。核心區則位於基地中心，提供開會或活動使用，居民步行就可抵達。主要規劃了社區育苗中心、兒童遊戲場、遊憩用廣場空地與蓄水塘、社區公共器材的儲藏空間。此外，為了提高易達性，社區中有十五％的面積被用來開闢四通八達的小路徑。這些道路速限四十公里，寬度以最小化設計，沿路種植果樹、堅果、原生樹種，讓每個空間都具有生產力，也能增加人與自然互動的頻率。

典型的鄉居開發設計

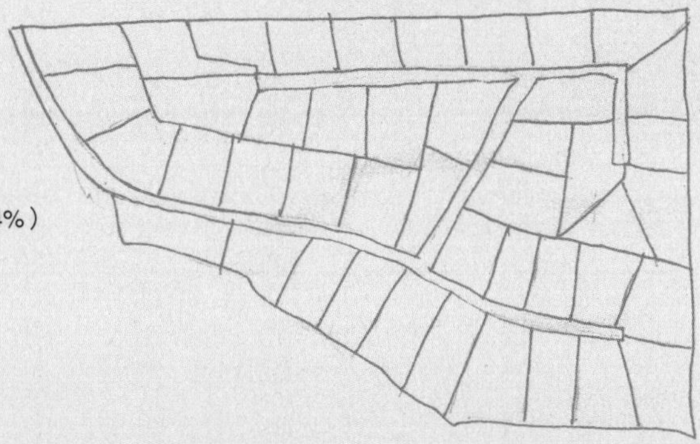

彩虹之境土地利用

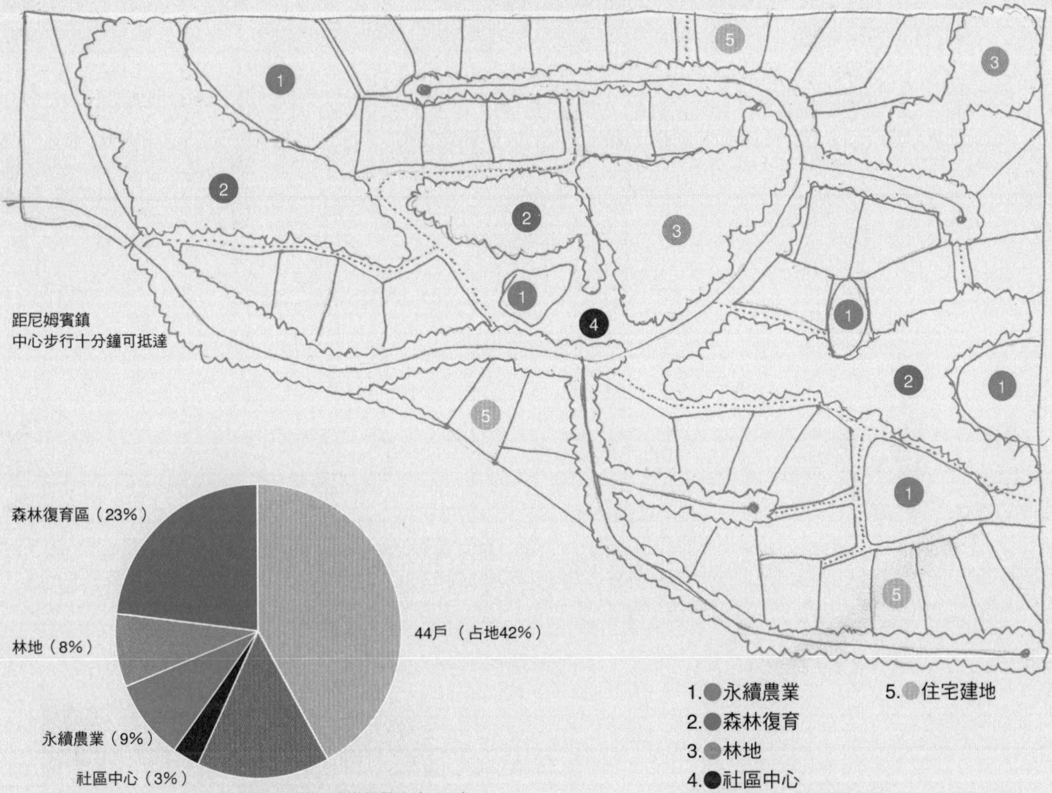

摘自羅賓・法蘭西絲《樸門永續設計課程手冊》（Robyn Francis' Permaculture Design Course Handbook），彩虹之境樸門鄉居概念圖（1992）。

典型的開發設計VS彩虹之境樸門生態村設計

家家戶戶自己生產食物

除了公共區域之外，多數住戶也都擁有高生產力的可食地景，例如果樹、堅果、灌木等可食用植物、蔬菜園及家禽，食物的自給自足率相當高。家家戶戶自己生產的食物，加上公共區域所栽培的果樹，我可以想像，住在這裡應該不致於挨餓才對。

彩虹之境每一區域的規劃都發揮多重的功能，沒有一塊地是只為了單一目的而存在。它是澳州新南威爾斯第一個鄉村社區與生態永續的開發案，還曾受新南威爾斯省規劃部列為生態永續發展卓越獎與最佳實踐案例之一（Excellence and Best Practice ESD；ESD 是 Ecologically Sustainable Development的縮寫）。其經營管理策略，隨後還引起澳洲與紐西蘭政府的注意與效法。

從照顧地球、照顧人類以及分享多餘的三個人類與環境共榮的大目標來看，彩虹之境的位置和設計理念相當實際、入世，證明你不需要遺世而居，也不需要一望無垠的土地面積，才能夠降低生活對環境的影響與破壞。

這個案例也印證了，樸門永續設計雖然是一套設計系統，卻能解決全球性問題。在台灣的城市或郊區閒置的建築物，許多都擁有交通便利的優勢，有潛力可以改造成為具有生態社區概念的人類居所。這種從既有條件下逐漸改善的過程，稱為漸進式樸門永續設計（rolling permaculture），我將在第六章與大家分享。

善用覆蓋物營造社區果園。

羅賓的鴨嘴獸農園

——幸福富足的樸門教育基地

「鴨嘴獸農園」座落於尼姆賓鎮的山谷中，是當地原住民耆老為羅賓家命的名，有著祖靈的祝福與庇佑之意。造訪過鴨嘴獸農園的人，都難以置信這塊地原先並沒有水源，而且是放牧四十年的貧瘠土地。但在四年之後，羅賓將它轉變為綠意盎然且零廢棄的生態家園，並成為澳洲重要的樸門永續設計教育基地。二〇一〇年一月，羅賓在鴨嘴獸農園成立澳洲樸門永續設計學院（Australian Permaculture College），準備培育更多永續生活的種子與專業人才。

營造不同微氣候，全年都是收穫季

農園面積不大，約只有二千一百平方公尺（六千兩百坪），屬於濕潤的亞熱帶氣候區。在夏天，會有颱風與季風帶來濕潤的氣候，不過由於位處於山谷，冬季卻容易遭受霜害。由於地理位置恰當，讓羅賓自己或是實習生與訪客，既可享受獨立農園的僻靜，也可以在需要到鎮上時，徒步或騎單車就可以到達。如果需要載運的東西太多，這幾年羅賓也開始使用電動三輪車，方便她一次運送較大量的材料或物資。

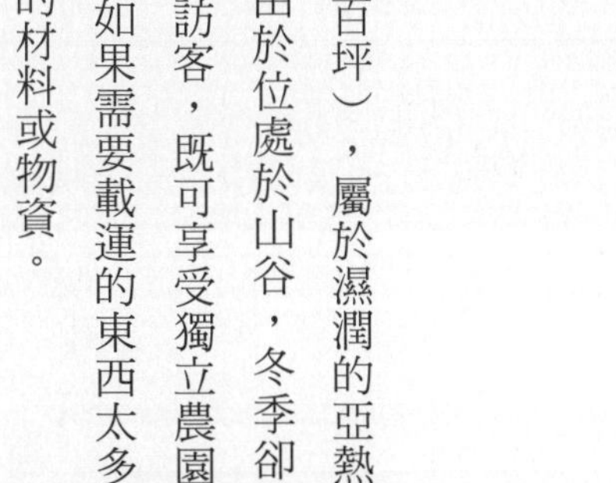

鴨嘴獸農園距離鎮上很近，還可以享受獨立農園的僻靜。林倬立／攝

1. 鳥瞰綠意盎然的鴨嘴獸農園，很難想像雨水是園區唯一的水源。
2. 竹子是鴨嘴獸農園中重要的食物與建材來源。
3. 主要的活動中心。

Robyn Francis／攝

我是在盛夏時節造訪鴨嘴獸農園，那時我剛結束樸門設計課程，帶著如同海綿一般的心情，積極又熱切地想要吸收取更多樸門的知識與經驗。

羅賓身為一個經驗豐富的樸門設計師，透過觀察與多年的經驗，懂得運用各種方法，搭配自然條件來創造不同的微氣候環境。她的農園有數個刻意營造的食物森林（參見第一六一頁），林子裡充滿美感與實用兼備的多年生與一年生植物，舉凡民俗植物、經濟作物、藥用、食用或材料工藝作物一應俱全。羅賓巧妙的規劃與安排，讓這座符合澳洲有機認證規範的農園，一年四季都能生產香草、蔬菜、香料植物以及水果，從熱帶作物的絲瓜、樹薯，到溫帶作物的蘋果、梨子、水蜜桃、高麗菜都有。

生產高品質食物的人，自然也不捨得糟蹋食物的美味，如同羅賓的教學態度，她對食物的要求一樣一點都不馬虎。年輕時的壯遊經驗，將羅賓調教成一位徹底的美食家，她不僅熟悉各國料理的烹調祕技，就算準備給兩百人吃的食物也難不倒她。那段當實習生的日子，吃飯對我來說真是視覺與味覺的雙重享受。

讓每一吋土地展現多樣功能

跟大衛一樣，我從羅賓身上再次見證珍惜土壤的人，如何對待土地。羅賓曾說，只要看到一吋土壤裸露在外，她都會覺得心疼。除非極有需要，鴨嘴獸農園採取不翻土的農耕技術。另外，為了恢復地力並降低病蟲害的風險，羅賓很謹慎地在土地上運用輪耕、種植同伴植物等方法，積極負起加速有機質循環的責任，將園子裡的有機農作廢棄物，包括農園中動物所產生的排泄物，都透過各種堆肥方式，回歸土壤成為肥料。

羅賓非常關切跨國種子公司將種子私有化的問題，而保存種子最好的方法就是持續栽種，因此她的園中種植了多元豐富的品種，有些具有高生產量，有些則是當地傳統品系，扮演種子保存銀行的角色。

對於雜草與動物的飼養，羅賓也有一套管理的方式。她徹底應用覆蓋物來減少雜草、保水並呵護土壤，降低土壤受到過冷或過熱的溫度影響。但農園的土地那麼廣，覆蓋物從何而來？當然，羅賓縝密考慮過這件事，因此除了主建築物之外，園子裡也有一片開放的空間，平時用來辦活動或上課，但也是一座植物生產工廠。只要是從土地上長出來的各種草本植物，都是菜園所需要的覆蓋物來源，也是園中動物的糧食。每一吋土地在這裡都不浪費，也不會只有單一功能。

後來，我發現這種把問題看成正面資源的雜草管理方法，在實踐樸門永續設計的農場中並不少見，這也是我實踐樸門永續設計這十多年來，最希望推廣給台灣社會的方法之一。因為我經常聽到朋友說，務農很辛苦，要不斷與雜草奮戰。但當我建議他們用覆蓋物來保護土壤時，他們總苦惱不知道要上哪找覆蓋物。當我們轉換角度思考雜草的功能，把雜草當成源源不絕的覆蓋物來源，台灣大量使用除草劑的問題就會很容易地被解決，而農人也不需要一直依賴化學肥料來試圖改善土質。

雞、鴨、豬是家人，也是農園好幫手

羅賓很善於運用各種動物的天性來幫助她照顧農場。例如，羅賓管理鴨子的方法就很有一套。鴨子喜歡在水中游泳，羅賓會定期在果園區放置小孩用的塑膠泳池，在池中裝足夠的水，吸引鴨子們到園中走走玩玩。鴨群在水中玩耍時，會很自然的順便施肥，之後，羅賓只要輕輕地將小泳池傾倒，富含養分的水就成了果樹的灌溉用水。如果羅賓想灌溉其他區域的果樹，只要將空的小泳池移到該區，裝滿水後，再將鴨群趕到同一個地方，順應鴨子的天性又可以取得不花錢的肥料，讓羅賓樂得輕鬆。

樸門小百科

用雜草來種菜的有機農園

慧儀曾在二〇一〇年春天，來到夏威夷的茂宜島進修樸門永續設計，期間參訪了島上一個以樸門設計的有機農場（Laulima，意指「很多隻手」的意思）。農場中有兩大片面積各約五百平方公尺，長滿雜草（cane grass）的大園圃。農場經理發揮了把問題看成正面資源的原則，每年雜草茂盛的期間，他們會在雜草種子長出來前收割，並將它們留在原地，不斷累積厚度。

隔年，農人直接在雜草日漸分解形成的有機質中挖洞種下當季蔬菜。蔬菜收成過後，持續任由雜草生長，同樣在種子生產之前割草。同時，另一片用同樣方法管理的雜草園圃也已經可以用來耕種。兩片雜草園圃輪流使用的方法，把所有農人最頭痛的敵人變成了朋友，輕輕鬆鬆地用雜草來耕種，非常聰明而符合樸門原則。

鴨嘴獸農園也有幾隻豬，是羅賓最好的夥伴之一。這幾隻豬會在羅賓需要翻土的時候，用牠們的口鼻在地上翻呀翻地幫忙鬆土，卻又不會過度翻耕，造成土壤的傷害。當過熟的果實掉落在樹下，還可以當成豬兒大吃的有機水果餐。一旦果實成了豬的食物，便能減少果蠅叮咬落果的機會，阻斷果蠅的生命週期。因此，豬對鴨嘴獸農園來說，不只是翻土機，還扮演病蟲害防治的要角，不僅造福鴨嘴獸農園，也幫鄰近區域減少蟲害！

這些巧妙的手法，使得羅賓的農園管理起來不費力卻很有效益。

每一滴水都讓人安心

菜園區、果樹區，以及主體建築之外，鴨嘴獸農園的水資源管理也令我印象深刻。農園範圍內並沒有湧泉或地下水井，因此羅賓刻意規劃馬路的走向，將流經馬路的雨水逕流，引進農園中最高處的水池，並且透過沿等高線挖掘的集水溝與自然重力的應用，慢慢地將所收集到的水引流過整片農園，灌溉所有的植物，讓兩甲地生機盎然。

羅賓的水資源管理目標是，為農園用過的每一滴水負責；也就是說，每一滴從鴨嘴獸農園流出的水，都應該乾淨無污染，不會因為使用過，而造成其他使用者或生物的不便或不適。

鴨嘴獸農園所設計的中水過濾系統，具體展現善用可再生資源的成效。她應用了蘆葦、

雞是羅賓農園中重要的營養循環小幫手。
Robyn Francis／提供

莎草等過濾功能很高的水生植物，來處理實習生宿舍的廚房、淋浴間、洗手台與洗衣槽的中水。農園裡的中水系統與其他數個小池連結，有的作為沈澱池、曝氣池，不同功能的水池分別處理中水與黑水（化糞池污水）。這個系統後來還為羅賓贏得二〇〇〇年澳洲頒發的河川照護獎（Rivercare 2000 Award）。

由於羅賓的用心與巧思，讓來到鴨嘴獸農園的實習生，以及其他鄰居都有福享受乾淨的水資源。每天，當我忙完一天的實習工作，很喜歡跳進生態池與蓮花、魚兒共游。

樸門小百科

呢喃羽翼竹園的天然除草騾

同樣在夏威夷的茂宜島，呢喃羽翼竹園（Whispering Wings）是專門生產商業用竹子的有機農園。由於幅員廣大，聘僱人工用割草機需要耗費相當高額的經費與燃油，因此農場飼養了一隻騾，讓牠在林間吃草，除了偶爾注意騾的生活與健康外，完全不需額外耗費人力。

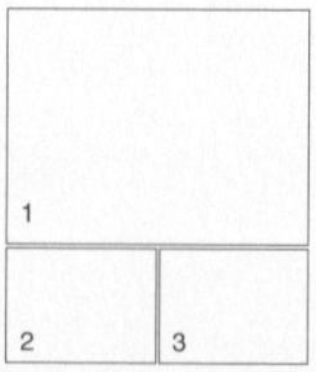

1. 這座水池是鴨嘴獸水資源管理系統中最後的蓄水點，水流至本池前都經過數次過濾，因此可以在這個美麗的池中安心游泳。
2. 雨水是澳洲許多家庭唯一的水源，而雨水儲存槽也可以深具美感。
3. 農園中的中水曝氣系統。

上圖：Robyn Francis 下二：林倬立／攝

冬暖夏涼的自然綠建築

鴨嘴獸農園的主要建築是教育中心，平時對外開放參觀，也定期舉辦各種樸門相關的課程。這棟建築物也是以被動式太陽能的原則來設計，並善用棚架、格柵、氣窗來加強通風，營造保暖或隔熱、涼爽的環境。

在這裡，你會忘了「廢棄物」這三個字的存在。園中所有的建材如果能夠就地取材，就不會從他處購買建材。因此，教育中心的牆與地板是以黏土磚築成，而且八〇%的黏土是取自鴨嘴獸農園。外觀則用黏土、砂與牛糞等混合，做出細緻的自然粉刷效果。

據羅賓的分享，在興建的過程中，二百四十平方公尺的建築面積，只產生了約一立方公尺的廢棄物，需要被運離農園處理。另外其他少數的自然廢料都在農園中循環，回歸大地。與現在的建築比起來，鴨嘴獸的廢棄物產量真是少得驚人，令人佩服！

為了讓這間主建築能夠冬暖夏涼，羅賓設計了自然的冷氣引導系統，用暗管的方式將地底下陰涼的空氣引進屋內。

在建築物的北向（因為在南半球），羅賓種了落葉喬木，因此在冬天有陽光照進屋內，在夏天也有茂盛的葉子為房子遮陽。在建築物的西南方種植了多層次的防風林，保護建物不受到冬天的寒風侵襲。

朝北的教育中心外，種植落葉樹，讓冬天的陽光能照進屋子。林倬立／攝

自然廢料、舊車箱、肥水都是珍貴資源

透過羅賓的設計，所有的生物與非生物，無論新舊都有它的用處，發揮它們最大的功能。我所住的實習生宿舍，也曾是當地鐵路局的「廢棄物」，但在羅賓眼中卻是資源。這幾節車廂建於一九三〇年代，在功成身退之後，羅賓把握機會，向鐵路局買來運送到農園。車廂經過改裝之後，成為實習生的宿舍與共同廚房。

三節車廂U型擺設的方式，也是朝北開口。外搭的棚架及露台，在冬天時能夠獲得最高的日射量，在夏天的午後卻又能夠遮陽，提供涼爽的避暑空間。車廂外還有烤肉設備及手造黏土窯，營造出溫馨的社交空間。從世界各地來到這裡實習生，能夠自由地在這個小空間中休憩與輕鬆交談。

在鴨嘴獸農園，只要能夠用自然能源、人力或獸力來運作的，羅賓就不會使用耗電的器具。對於能源的使用，也盡其所能直接使用可再生的能源發電或煮食。鴨嘴獸農園有一片移動式的太陽能光電板，機動性很高，只要有陽光，就能夠提供戶外活動所需要的部分電力，例如麥克風或音樂的放送。近年來，羅賓也將自己在各處教學所賺得的費用，用來參與當地社區的再生能源共同購買方案，為鴨嘴獸農園增添了更多太陽能發電設備以及電動機車，使得這個樸門教育中心，在能源自主上又更近了一步。

二〇〇八年羅賓來台灣授課，有人問她：太陽能光電板不是也會製造污染嗎？羅賓說，自願性的簡樸生活是真正的節能之道，太陽能光電屬於轉型期的技術，雖不完美卻能夠

羅賓設計的堆肥廁所，位於用舊車廂改造的實習生與國際志工宿舍旁。

羅賓開心地宣示農園又向能源自主更進一步！Robyn Francis／提供

引領人們從石油上癮症走出來。我們不能因為再生能源的不完美，而寧願繼續選擇燃油、燃煤的高污染發電方式。羅賓就是這樣一個不唱高調、實際又目標清楚的樸門前輩。

身心靈都能感受到樸門的影響力

鴨嘴獸農園是一座活教材與示範，因此每年都有源源不絕慕名而來的實習生。實習生的工作多半視當時農園的需求而定。當時我的工作多半就是割草、收集覆蓋物、重新開闢或整理蔬菜園圃、粉刷實習生宿舍等看似微不足道的工作。然而，如今回顧當年，當我在陽明山風之谷家園實踐所學，以及現在有了位在台東的樸門教育基地之後，我全然地感謝這些所謂的小雜事，對呵護土地發揮的大作用。我更能夠理解，在一座樸門農園當中，沒有什麼雜事是不重要的，每個小環節與小動作都與農園的發展及成長環環相扣。

羅賓很重視文化與傳統智慧的傳承，包括自然運行的重要節氣所蘊藏的意義。因此，每年鴨嘴獸農園都會舉行一年一度的夏至慶典。我很幸運體驗了這場盛會。在音樂、舞蹈、歡笑的陪伴和美食的加持下，所有參與者一同感恩大地母親以及太陽能量的養育。浸淫在農園的環境，以及羅賓用心營造的氛圍當中，就能夠感受到一座樸門農園的存在，對於推廣樸門有著什麼樣的正面示範作用。我覺得那是一種耳濡目染所產生的魔力，很容易深深地植入心中。

園中所有的動植物都被羅賓視為家人。
Robyn Francis／提供

好的設計讓生活愈來愈輕鬆

許多人都認為當你有了一座農場或闢了一座小菜園，甚至只是陽台開始種植物，就被綁住了，每天都要澆個幾次水，無時無刻都得陪伴在作物身邊。國際間許多著名的樸門設計師與教師都身兼食物生產者、工藝家、音樂創作者數職。墨立森、傑夫、羅賓這些人，無論在生理與精神層次都是健康又富足的，而且還能經常出國傳授樸門。

我幾乎可以肯定地說，那是因為他們都已經是善用樸門設計的大師，熟稔借自然之力的生活之道，因此剛開始建立系統時會比較辛苦，而當所建立的系統漸趨成熟，這些系統就能夠自我照顧，並維持其一定的生產力，就像一個自然的生態系一樣。這也是為什麼許多認識樸門永續設計的人，會戲稱樸門的食物生產系統為懶人農法。因為一旦你所設計的系統穩定了，你真的不需要天天守著它。

在鴨嘴獸農園眼見為憑的經驗，讓我更有信心成為一個有能力設計自己生活環境的人。二〇〇〇年春天，當我上完樸門永續設計課程回到台灣，落腳風之谷家園練習所學的一、兩年後，我也開始深刻地體會到模擬自然，創造生產食物的健康生態系，真的會讓農耕生活愈來愈輕鬆，而不是愈來愈疲累。這就是樸門永續設計令我著迷的原因之一。

食物森林

食物森林是模擬自然森林演替的過程，以及萬物互惠互助的依存關係，逐年在不同的森林層次加入不同物種來營造。是經過特別設計且管理的生態系統。在此生態系統當中，具有豐富的生物多樣性以及高生產力。一座食物森林通常具有多種功能，舉凡生產食物、提供昆蟲、動物、鳥類樹蔭、營造野生動物棲地、生產藥用作物、能源或工藝作物、提供身心靈療癒空間等等。

第一年
- 先驅作物
- 豆科灌木
- 一年生作物
- 一年生豆科作物

第二年
- 將果樹苗種在先驅作物下

第三～四年
- 移除先驅作物
- 種植林下作物

第五～六年
- 當果樹漸成長，將豆科作物之枝幹疏伐

第七～八年
- 移除與疏伐30%～50%的豆科樹種
- 這一階段的成果是我們想要的，因此設計前，是從此一目標回推，然後從第一年的步驟開始設計與規劃。

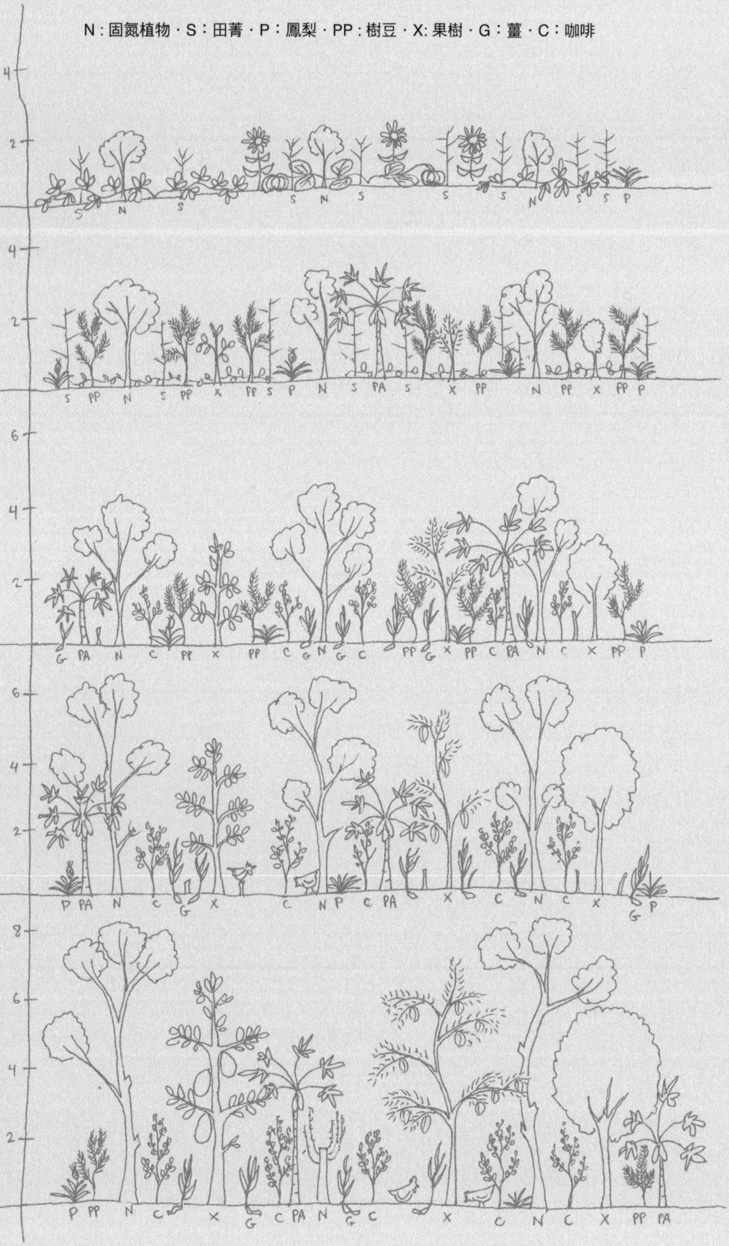

參考羅賓・法蘭西絲《樸門永續設計課程手冊》（Robyn Francis' Permaculture Design Course Handbook）

chapter 5

台灣的樸門鄉居實踐

風之谷家園

樸門永續設計提醒我，一個有意識的農夫，不會只重視如何從土地中獲取更多的收成，而是創造一個會自行收集陽光、水、土壤的自我支持地景，讓生產力大增。

雖然實踐樸門設計並不見得需要一塊地，但多數人在接受訓練後，都會渾身充滿著一股能量與動力，迫不及待地想要實踐所學。

一九九九年十月，我在傑夫·羅頓的指導下，完成我第一次樸門永續設計專業基礎課程，隨後又到羅賓的教育中心實習後，就再也按捺不住想要接觸土地的心情，一心想脫離困住在山坡地公寓的生活。

幸運地，回到台灣後不久，我很快地尋覓到可以實踐的場域，也就是位在陽明山區的風之谷家園。

那是二〇〇〇年初，在一個微雨的午後，命運把我和慧儀送上台北市的小十九號公車，來到了陽明山區的平等里。就像往常一樣，我們喜歡在公車的終點站下車，一路探詢與我們有緣的所在。

感覺就如同已經等待彼此許久一般，從終點站內寮往下走不久後，我們遇上的第一個當地人，竟就成了我們的小房東。猶記得他帶著我們，沿著他住家旁邊的小路往下走，轉個小彎，就看到鵝尾山圓圓的山丘橫躺在我們眼前，一間破破的綠色鐵皮屋就面對著山丘。小房東打開鐵皮屋的門，讓我們一探究竟。從黑暗而沒有隔間的房子裡，看見許多用不上的家具和農具都蒙著厚厚的灰塵，可以想見許多壁虎、蛇、蜘蛛、青蛙、鼠類朋友們都以此為家吧！

在不同的季節，風之谷具有不同的面貌與氣候條件。

打造風之谷家園

百廢待舉之前，先靜觀思變

回憶當初，我和慧儀站在鐵皮屋外失修的陽台上，心想擁有屋外的自然美景，屋況如何似乎就不那麼重要了。更何況，對一個樸門設計師來說，無論是什麼樣的地景或環境，總是有無限可能的改善空間，有方法能夠提升環境的品質。當下，我們決定租下這間鐵皮農舍，小房東的父親，老房東也很慷慨地說可以隨意使用他的廢耕農地。

我記得，岳母和親戚初次到我們的鐵皮屋時，半開玩笑地說，慧儀的處境就像王寶釧一樣，以寒窯為家。究竟是什麼原因讓我們從一間舒適的樓中樓，搬到這種生活不便利、黑暗又潮濕的鐵皮屋？對於親友的疑問，我們總是三言兩語輕輕帶過。沒想到一晃眼，我們在破舊的鐵皮屋一住就是六年，最後還成了我們至今仍懷念不已的所在。

住下來不久後，我們就體驗到山谷的風特別強，自然而然地，這個家園就被稱為「風之谷」。風之谷家園是我第一次將溫帶農作經驗應用在亞熱帶氣候環境，可以想見，許多經驗都必須重新思考與調整，才能經營出因地制宜的樸門家園。

風之谷家園是我第一次將溫帶植物經驗應用在亞熱帶氣候環境。

改造第一步：觀察與記錄

豐富的自然資源等我去探索

面對著一間鐵皮屋農舍，以及兩條狹長型的荒廢耕地，我既興奮又有點緊張，興奮的是終於又可以親近土地，但緊張的是百廢待舉。雖然情緒澎湃，但提醒自己別輕舉妄動，謹記樸門永續設計的倫理精神與設計原則，並想起楓樹有機農園大衛教我的事，去問問這片土地需要什麼，才是首要工作。

因此，第一件事情，就是「觀察與記錄」。透過觀察，我記錄下房子、土地與周遭大自然現象的狀況。

觀察與記錄一：水源有歷史又豐沛

水大概是這裡最引以為傲的自然資源了。平等里有三條見證台北盆地農業文化發展與變遷歷程的灌溉水圳，分別稱為坪頂古圳、坪頂新圳及登峰圳。古圳秀麗，最常見到斯文豪氏赤蛙棲息，不時發出啾啾像鳥的鳴聲。水裡還可以看到小魚小蝦悠游；通泉草與喜

1. 風之谷農舍前有小路經過。
2. 風之谷是平等里著名的賞櫻景點。
3. 農舍小路下方有水圳流過。
4. 從鵝尾山望向我們的農舍。

歡濕潤環境的水鴨腳秋海棠，沿著古圳的山壁邊生長，為保有古意的古圳增添了婉約的美感。新圳又長又暗的隧道，是許多前來進行圳道巡禮的人最喜歡探險的景點之一。登峰圳高高低低的，進入圳道得要彎曲著身體，較少人有機會進入，也因此還有蝙蝠棲息在裡面。

農舍所在地，剛好位於三條水圳的上方，還有潺潺的內寮溪流過，因此享有豐沛的灌溉水源。也因為地勢的關係，下雨時，風之谷家園的風雨較其他區域大，水會大量地從屋前的水泥路流過，快速的排入水圳，流到山下進入大海。

觀察與記錄二：廢耕地土質堅硬無比

老房東慷慨讓我們使用的農地，是農舍前沿著等高線向下開闢的梯田，地勢非常狹長，土地上長滿芒草、野薑花、咸豐草等，而邊界則有一棵棵相思樹。

居家大致整頓好後，我興奮地來到梯田，抓起一把土，發現它異常硬實，黏土成分很高。老實說，我從沒見過那麼硬的土壤，在陽光下曝曬沒多久，就變成像石頭一樣硬的泥塊。我曾用鐵鎚敲它，也敲不破，真是把我給嚇壞了，心想老房東一直說這裡的土壤很好，是不是在唬我這個阿斗仔？

觀察，是風之谷生活的首要工作。

觀察與記錄三：多樣化的植物都是資源

由於山谷潮濕的微氣候，適合藍染用的民俗植物大菁生長。因此，製作染錠也是坪頂（平等里舊名）一帶早期重要的出口產物。我們搬來不久，就有耆老與當地的老師帶著我們去尋找藍染產業的遺跡。

除了人們移居到此後刻意栽培的植物之外，風之谷家園周邊也長滿了各種可作為昆蟲蜜源（冇骨消、澤蘭、華八仙）、動物食草（構樹）、野菜（昭和草、龍葵）、藥用植物、可作為染料的民俗植物（烏臼、薯榔），或是一些生活用品來源（月桃、相思樹、江某）的植物。因此，認識與學會善用在地的植物，是在此地過自給自足生活的必修課。

觀察與記錄四：農舍冬冷夏熱，改進空間大

我們鐵皮農舍的主要架構是C型鋼，牆壁是兩片薄薄的木板，形成一個中空的牆面，蛇、鼠、蜘蛛都能自由穿梭其中。我們就曾在夜晚聽到牆面中傳來老鼠的哀號聲，想必是遭到蛇的攻擊。

鐵皮屋內沒有任何氣密措施，一旦冬天的東北季風來襲，待在房內會覺得冷颼颼；在夏天又多雨的季節，卻會變得又悶又濕。最有趣但也令人困擾的是，當雨滴落在鐵皮上，下小雨時滴滴答答作響，下大雨時如擊鼓一般震耳欲聾，在屋內的人根本無法交談，想

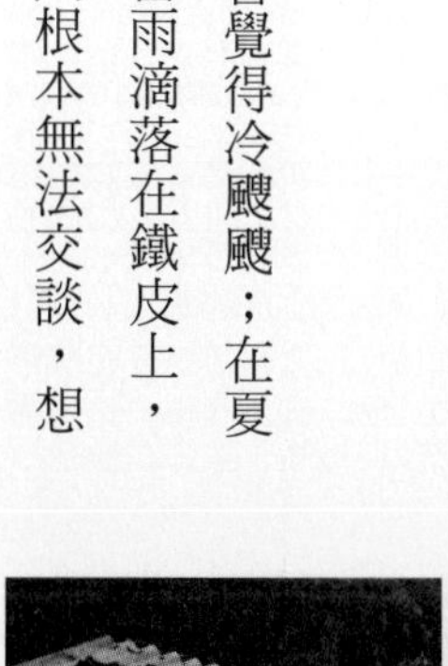

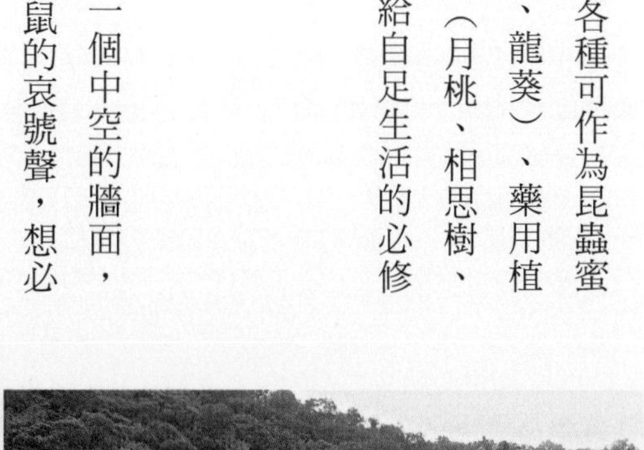

聽到對方說什麼得要大聲喊叫。

既然房子只是簡易搭建，排水設計自然也不可能是屋主的考量。我發現每次沖馬桶，乾的排泄物直接進入化糞池，但液體排泄物（一般稱為黑水）會經由水管直接排到水圳內。洗澡、洗碗、洗衣的水（稱為中水或灰水）則被排到屋外的小馬路上。這種排水處理方法雖然在農村很常見，但當然不是我理想中的作法。

觀察與記錄五：替代能源的應用潛力大

風之谷家園的電力來自全台唯一的供電系統——台電公司。但由於電力不穩，我們常思索如何應用太陽、風、水等取之不盡、用之不竭的能量來源，甚至利用植物所產生的生質能源，也有相當大的發展潛力。

如果善加利用這些自然資源，是可以開發獨立的電力來源，例如運用水位落差裝設小水力發電系統。此外，當然也可以用動力打水，或用太陽熱能煮食等等。只是當時作為一個租屋者，得看我們有什麼條件、精力與時間，去設計替代能源來使用了。

觀察與記錄後，完成扇形分析

經過一段時間的觀察與記錄之後，我知道光是這間農舍就有許多改造的空間，但也更讓

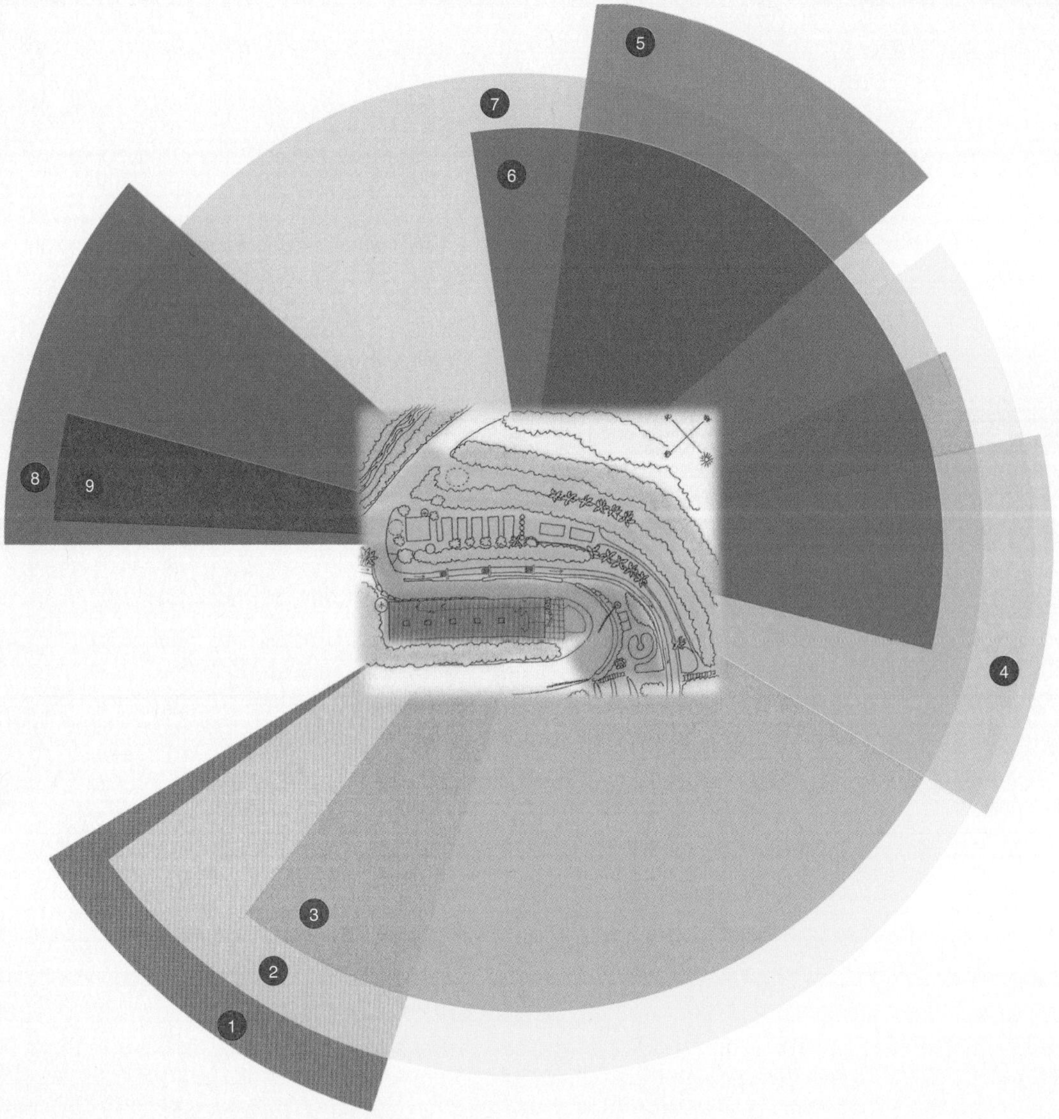

扇形分析的目的是呈現出外在能量（陽光、風、水……）如何進入基地，幫助設計者將園區中的重要元素（例如房子、菜圃、池子……）放在適當的位置。

1. 午後的山影
2. 夏陽
3. 冬陽
4. 晨風
5. 鵝尾山風口的強烈陣風
6. 乾季潛在的火災威脅
7. 美景
8. 晚風
9. 登山客

我躍躍欲試。因此，我細心認識農舍、農地與太陽的關係，做出風之谷家園的扇形區位分析圖（參見第一七二頁）。

扇形區位分析，簡稱扇形分析，與第三章所提到的分區設計一樣，是樸門永續設計的基本設計工具。扇形分析是以基地為中心，觀察與分析外來的因素是如何影響基地，包括：水如何流過基地、不同季節陽光照射在基地的角度與時間長短；冬季與夏季的風向與強度；大雨時基地是否會積水、多久會消退；哪個方向可能傳來噪音、潛在的污染、土石流、洪水的威脅、噪音；哪個方位的自然景緻很美，是你會想要保留的；哪個方向的景觀你不欣賞，想要遮蔽等等。

以扇形分析做為設計的第一步，對所有的設計者與使用者來說，都將非常受用，可以在改變地形地貌之前避免掉難以修正的錯誤。

風之谷家園的農舍與外在環境的關係雖然是木已成舟，難有大改變，但針對外在力量的影響做分析，還是可以幫助我為農園做出更合理、適切的設計。

例如，我可以參考扇形分析所提供的訊息，來規劃與選擇植栽的種類與位置；了解雨水流經農園的路徑，設計引導雨水的方法；也可以依據風向，引進夏天的風，調節農舍微氣候，讓鐵皮屋更涼爽。

改造關鍵：收集陽光、土壤、水等五大元素

在樸門的學習中，我深知要建立一個能夠自己生產食物、照顧當地住民，又能與地球和諧共處的家園，土壤的復育及活化是極為重要的任務，也是立即面臨的挑戰。初期我將所有的能量與工作重點，放在改善如石頭一樣硬的土壤。

幸運的是，我先前從大衛這一位極度善待土壤的農夫身上學到復育土壤的基本功夫（楓樹有機農園的土質，連續幾次的土質檢測，結果遠比附近幾千座農場還更健康）。而台灣氣候濕熱，分解作用和土壤形成的過程與速度，比溫帶地區快很多，這給了我更多的信心，讓我更積極地用各種樸門永續設計的原則與可能的方法來改善土壤的品質。

改善土壤最主要的策略，就是收集陽光、土壤與水，保留大自然界中原有的有機質。因為他們是地球上所有生命的基礎，是支持我們生存的關鍵元素。在生物圈中，陽光、土壤和水的流動速度，也都和土地的健康息息相關。

很不幸地，現代人類卻傾向建造無法保留，或是無法主動收集能量、土壤和水的環境，創造了許多毫無生命力的空間，而能夠在這種環境下生存的生物非常稀少。沙漠、裸露

的岩石，或是水泥屋頂，都是缺乏陽光、水與土壤的貧瘠環境。

成為自我支持的農地

樸門永續設計提醒我，一個有意識的農夫，不會只重視如何從土地中獲取更多的收成，而是創造一個會自行收集陽光、水、土壤的自我支持地景，因為一旦這塊農地能夠自我支持及自我管理，其生產力就會大增。

為了協助我們收集並增加這些元素，還需要兩位不可或缺的同盟，那就是植物，以及傳統或跨世代的智慧。每一種植物各有特殊的能力能夠收集陽光、土壤和水。他們做這項工作很久了，並且是我們學習如何收集這三種元素的良師。

而所謂的傳統或跨世代的「智慧」，包括了社區、語言、故事、繪畫，以及在地知識。我們擁有祖先代代相傳、歷經時間考驗的經驗與技術，可以幫助我們度過生存難關，如果這些智慧像土壤一樣失傳了，將需要再花費數千年才能重新再生。

大約就是在這樣的目標與前提下，我默默地練習運用樸門原則，並試著延續成長過程中累積的想法和理念，著手設計一個只需要極少能量挹注，就能自我支持的系統，想要達到不太累，卻又認真的生活。

在風之谷，我學習在小空間中創造小而密集，又可自我支持的種植系統。

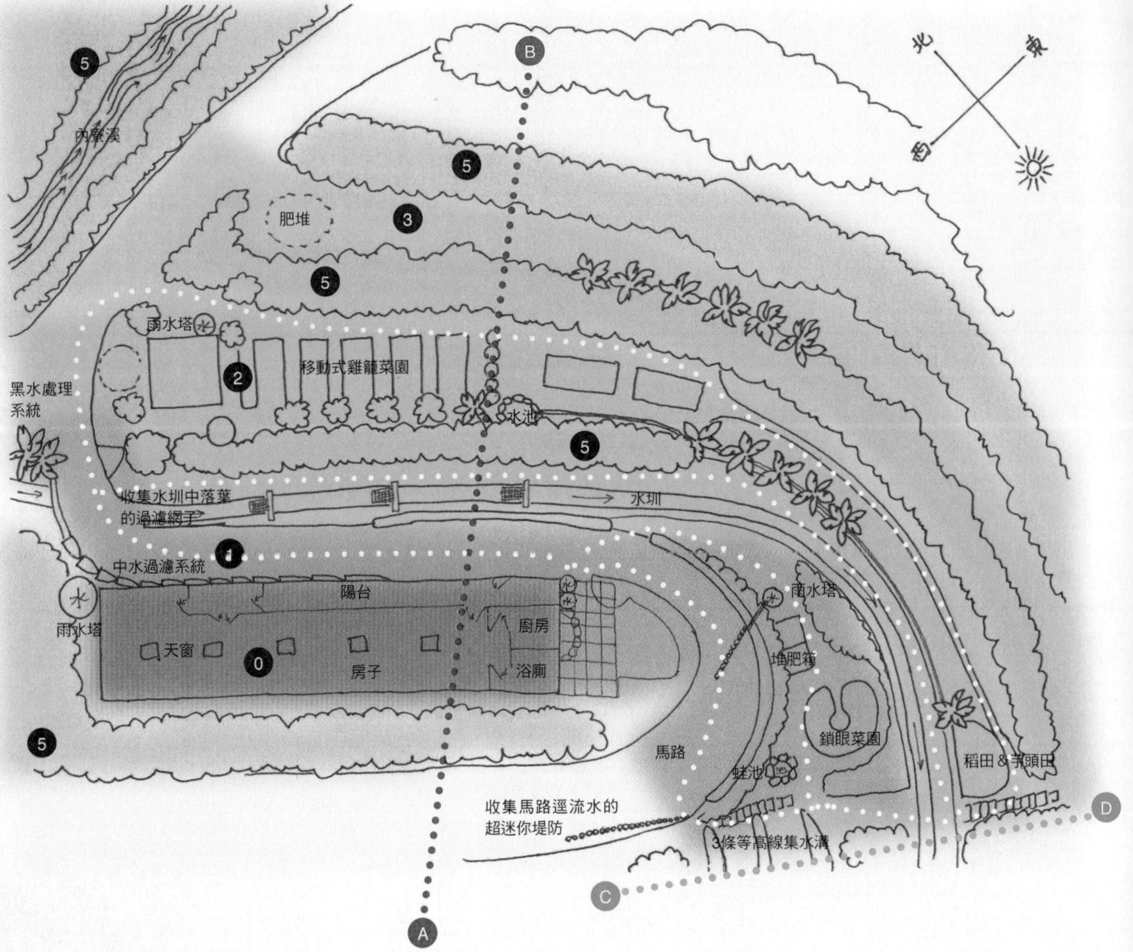

較小的基地不一定會有第三或第四區，但大部分的區域，甚至都市的公寓都會有人們不易到達而不受干擾的自然野地（第五區）。注意圖中的第一區與第二區有三條環形路徑。這樣的設計讓我可以在路徑上一次完成很多工作，節省往來時間與能源。

A-B剖面（見第198頁圖） C-D剖面（見第192頁圖）
1-5 表示分區

鄉居樂活：懶惰又認真的生活

用分區概念節省人力物力

我之前提到樸門永續設計中分區的概念，主要取決於基地中的元素需要你去照顧的次數，以及你需要去照料或使用的次數，來劃分它應該屬於第幾區。特別強調的是，分區往往不是一開始就能夠劃分清楚的，通常設計者與使用者在熟悉了基地環境特性，以及隨著使用者某些喜好或習慣，會使得分區更加明確。

我在風之谷家園的設計也是如此。一段時間後，我漸漸清楚哪些地方是我比較不會去的區域，而某些地方就是在動線上特別順暢，每天會經過數次，因此我會將生活中很多重要的元素，例如堆肥、廚房用香料植物、一年生葉菜類、雞舍等都規劃在使用頻繁的動線上，第一、二區的設計就自然而然地產生了。

某些果樹、芋頭等不大需要照料的作物種在梯田的盡頭，是我較少需要走到的地方。有些地方因為地勢較陡，有需要特殊材料（例如竹子）時才會前往採收。因此，那些任其自然生長，例如生產工藝或能源等作物，就成了第四區，而整座陽明山國家公園就如同我的第五區。從風之谷家園的平面圖，可看到我的分區概念（參見第一七五頁）。

實踐行動 1 Permaculture
耕耘雞是菜園的好幫手

風之谷家園的土壤又硬又黏，單靠我一個人，無法快速地讓土壤變得鬆軟又富含有機質。我得請自然界中其他的朋友來幫忙。為了讓這些朋友擔任適當的任務，又能受到妥善的照顧，我的菜園跟一般人有點不一樣。

在慣行的務農方法之下，大部分的人會把種菜、種果樹和養雞，這三種生產活動分開。但是，樸門永續設計鼓勵把所有的元素盡量整合在一起，試著讓每個元素的功能、需求和產物互惠互補，這樣共處一地才能夠彼此照料。

經過分析之後，我知道雞能提供蛋白質、肥料，還會幫忙除草，這些正是菜園需要的；而菜園則提供了雞吃的雜草、小蟲等食物，以及遮蔽物。果樹長大需要肥料，也要想辦法防止果蠅這類的蟲害；而當雞吃了掉落的果實，正好可以防止果蠅的危害。

於是，我用一些回收的材料做一個活動雞舍，同時將每一畦菜園規劃得跟活動雞舍的面積一樣大。雖然接近圓形的雞籠子較有利於雞隻活動，但由於梯田形狀狹長的限制，我的活動雞舍仍得考慮到土地大小，於是決定做成長方形。

此外，雞群的性別組合很重要，通常一隻公雞搭配十五隻母雞最恰當，因為公雞一天能夠交配許多次。第一次養雞的我也跟多數人一樣分不清雞的性別，只得乖乖地任憑賣雞的人幫忙選，而我的任務就是提供好的環境，再見「雞」行事了。

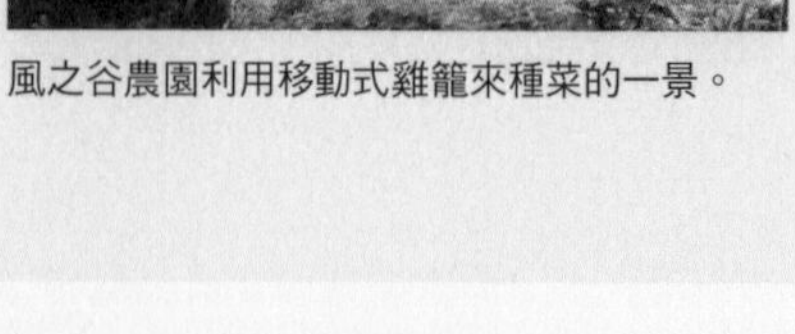

風之谷農園利用移動式雞籠來種菜的一景。

從小雞開始養大，讓我學會許多事。

養雞的三堂課，學到寶貴經驗

第一課：食物鏈

在淡水傳統市場買到小雞後，我興奮地將牠們養在紙箱，用燈泡幫牠們保溫。然而，為了希望能讓小雞照射到陽光，偶爾我會將牠們放入一個小鐵籠，帶到園子裡曬曬太陽。我認為只要我在附近走動，就不會有其他生物膽敢過來欺負牠們。

一天早晨，我如同往常讓小雞在籠子裡享受天然日光浴，一隻鳳頭蒼鷹趁我不注意，從旁邊的樹上俯衝而下，小雞害怕得縮成一團，嘰嘰喳喳地慌亂叫著。其中一隻或許因為過度慌張，竟將頭伸出了籠子，就被鳳頭蒼鷹拉出籠子趁勢叼走。

事情發生的過程快得令人措手不及，當我聽到小雞的驚叫聲時，想趕走蒼鷹卻已經來不及，眼睜睜看著牠啣著小雞遠走高飛。這個老鷹抓小雞的案例是我養雞所學的第一課，也為我帶來小小的震撼。倒不是為了失去一隻小雞，反而是再次切身體認到食物鏈不僅活生生地存在，而且很有效率，一點都不拖泥帶水。

第二課：一樣米養百樣雞

我的第二堂課是每隻雞的成長狀況都不一樣。有的小雞非常活潑好動，善於搶食，有些雖然會加入戰場，卻總是敗陣而歸，只好等在旁邊讓好鬥者先飽餐一頓。

我觀察到這群小雞當中有一隻小黑雞比較溫和，當其他雞加入搶食的行列時，牠較少加入，常像遊魂一樣在一旁閒晃，似乎雞世界的爭吵跟牠沒啥關係。如果把這群小雞想成一個班級，那麼這隻不合群的小黑雞似乎就像班上的獨行俠一樣。牠因為較少跟兄弟姊妹搶食物，所以長得比其他小雞來得瘦小。

有一天我突發奇想，將牠帶到水圳旁，挖蚯蚓出來餵牠，沒想到這隻酷酷的小黑雞竟胃口大開，大口大口地吞下長長的蚯蚓。之後我常常帶著牠到水圳邊覓食，牠的身材也漸漸地壯了些，終於我看出來牠是一隻公雞。慧儀把這隻喜歡吃蚯蚓的小黑雞取名為「小冠鷲」，因為牠讓我們想起盤旋在農園上方愛吃蛇的大冠鷲。

我的雞群當中有太多隻公雞，母雞經常被公雞群起欺負，便選了兩隻比較不會照顧母雞的公雞，跟附近農夫換來兩隻母雞。小冠鷲這隻溫和不好鬥的公雞當然就被我留下來，我知道牠對母雞們相當友善，不會跟牠們搶食物。

第三課：讓雞快樂做自己，是種菜的省力祕技

當雞漸漸長大，有能力躲避天敵的時候，我把牠們放進早已準備好的移動式雞籠。為了讓貓與雞和平共處，當我開始把雞放進籠子裡時，也將我的貓Catcat與牠們放進同一個籠子裡。當時Catcat只有幾個月大，身體比那些雞還小，因此雞會作勢要啄牠，把牠給嚇壞了，急著想逃出雞籠子。從此以後，Catcat一點都不想再靠近雞籠。這是讓雞能夠安心、快樂住在農園的策略之一。

我的移動式雞籠和耕耘雞。

之後，雞群很快地習慣我的農園，每次我將雞舍移到一畦菜圃上，牠們就會在那一畦的範圍之內吃草、施肥，還會用牠們粗壯靈活的雙腳幫我鬆土。我也會不斷地為雞提供許多養分，包括麥片、果皮渣滓、廚餘、園子裡的菁芳草，還有路旁溝邊的小砂石，讓牠們的砂囊能夠順利磨碎食物。

等雞將該片菜圃的雜草吃得差不多了，我就將雞舍搬移到下一片菜圃，讓牠們繼續幫我耕耘。經過雞群耕耘的菜圃，只要稍加經過陽光殺菌，就可以準備開始種菜了。透過活動式的雞舍，我的雞朋友可以很平均地在每個地方施肥和除草，也可以到處吃草覓食，不必老被關在一個地方動彈不得。這群雞並不知道正在為我這個農夫工作，也從不會要求要放假，因為牠們只是在做自己而已。健康快樂的雞，當然會生出健美可口的蛋！深黃色有彈性的蛋黃，提升了我的味蕾分辨食物品質的能力。

足足超過一年多的時間，牠們所住的移動式雞籠安然度過幾個颱風的肆虐，我的農耕生活也因為牠們的幫助而省去許多時間與勞力，我幾乎沒花過時間拔除菜圃的雜草。牠們是名符其實的耕耘雞，而且是不用投入外來燃料又不產生廢物的省能雞。在樸門永續設計當中，牠們徹底發揮了一個元素有多重功能的原則，更讓我深深體會善用生物性資源的好處。

當我在農園裡工作，會讓雞出來散散步，牠們總是很安心地在離我不遠處走動，野狗也會因為我在附近，不敢前來搗蛋。我很享受、也感謝我與雞之間互相照顧的關係，就如同親人或好朋友一樣。

某天早上我一如往常到農園裡，發現牠們異常安靜，走近一看，赫然發現我的雞朋友一隻隻躺在地上，原來是我的隱憂成真，野狗入侵了雞籠，把牠們都咬死了！令我納悶的是，狗並沒有吃掉牠們，純粹為了攻擊！失去了這群耕耘雞的陪伴與幫忙，使得我有一陣子不想走進菜園。少了牠們，我的農園頓失生命力，而我也失去了動力。

動物工廠的雞，喪失了雞的天性

等我的心情較為平復之後，為了讓菜園再次恢復生命力，我決定去市場買待宰的雞回來幫忙，另一方面也是想用自己微薄的力量，把幾隻雞的生命從刀口下挽救回來。

雖然我對於動物工廠不人道的飼養與屠宰過程有相當程度的了解，但是直到飼養了這幾隻在動物工廠長大的雞，我才深刻體會順應雞的天性是多麼的重要。這幾隻工廠雞即便住在我的移動式雞籠中生活了一個月，居然還不知道怎麼吃草，也不大會扒土，更因為嘴喙早被剪斷，失去了啄食的能力。牠們總是呆坐在雞籠的一角，不像從小被我飼養的雞那麼活潑。很明顯地，從小在動物工廠長大的雞早就失去了雞的天性。

雖然牠們吃自然食物的能力有限，但我耐心等待了三、四個月，牠們才終於對我和環境產生信任與安全感，能夠自在地走出雞籠，還會跟著我在農園裡散步覓食，找回牠們生為雞的本能。而我的菜園，也因為牠們的照顧，再次恢復旺盛的生命力。

珍貴的土壤，只在地表最上層的15公分薄。

實踐行動2 Permaculture

厚土不翻土，土壤健康又平衡

談到種植，許多人聯想到的第一件事就是翻土整地，然而，這並不是我會做的第一件事情。樸門永續設計在耕種方法上，並不強調翻土，甚至在多數時候是反對翻土的。這與全球各地和台灣的慣行農法，甚至許多有機農法，也是非常不一樣的。

樸門永續設計之所以不強調翻土，是認為土壤最珍貴且營養的部分，只有在地表最上層十五公分。一旦翻土，有機質會被暴露在陽光下而消失，營養的表土也會被翻到下層，而且多數耕耘機會傷害土壤中的眾多生物，除了殺害農夫眼中的害蟲，也會同時把抑制害蟲的益蟲給殺死。長久如此，土壤中的生物多樣性就會日漸流失，活躍在土壤之中的生態系也會失去平衡與健康。這使得農夫需要耗費更多力氣、更多外來的資源來維持地力。

既然選擇盡量不翻土，要怎麼種呢？當然，沒有一種方法適用於所有的土壤狀況，因地制宜才是首要原則。

如果土壤相當硬實，透水性不佳，我會採用撕裂法，可以先用耙子垂直插入土中，再前後搖動，在硬實的土壤中造成一道道裂痕，如此一來，可以讓更多水分與有機質進入土壤的下層，同時也提供蚯蚓及其他生物進入土壤的途徑。

1. 移動式雞籠移開後，我為菜圃鋪上厚厚的覆蓋物。
2. 使用移動式雞籠三年後，原本又黏又硬的土，在毫不需要翻土的情況下，能輕易地將土壤撥開，把蒜頭種在深達5公分的土壤中。

超級保濕，也是小生物的天堂

我的耕耘雞在菜園鬆土兼施肥後，大約等一、兩週之後，我會用收集而來的廚餘、瓦楞紙（必須撕去印刷油墨的表層）、稻稈或落葉等覆蓋物，以層層蓋被的方式來種植，我將這個方法翻譯為「厚土種植法」（sheet mulching）。

之所以譯為「厚土」，是因為在中文意義上，這兩個字也有呵護土壤、照顧眾生的意思，貼切又有意義。厚土種植法可以增加土壤的保水力與有機質，主要是因為所使用的材料會隨時間而分解，將逐漸流失的表土重建回來。

記得有一年氣候偏乾，平等里早台北市一步開始限水，對灌溉水圳也採取嚴格管理。這樣的情況維持了一個多月，附近的菜園多半乾枯，而我的園圃仍綠意盎然，安然地度過旱季。我知道這歸功於厚厚的覆蓋物，發揮減緩土壤中水分蒸發的功效，讓我的菜園順利度過水荒。

厚土種植法不僅為我的菜園保濕，更營造了小生物的天堂。因為這層厚厚的塌塌米創造了冬暖夏涼的微氣候環境，提供小生物遮蔽棲息的空間，吸引了喜愛這個環境的生物前來，自成了一個小生態系統。每當我靠近菜圃一看，會發現整片菜圃隱約在動，因為有許多小生物穿梭其中，包括上千隻以獵捕小昆蟲維生的小蜘蛛，會因為我的靠近而快速逃竄。這樣的現象告訴我，在塌塌米的厚土之下，土壤已經形成一個豐富的小生態系。

我可以確定，土壤的體質在慢慢地進步當中。三年之後，某農業研究發展基金會主動來檢測我的土壤，結果發現，風之谷家園土壤中的有機質比附近已經實施有機種植十多年的農園來得更高、更健康。

厚土種植法不僅照顧土壤的健康，也照顧了我的健康。因為厚土種植法中的瓦楞紙，扮演阻擋陽光的功能，防止潛藏在土壤中的草根再次冒芽，讓我在種菜的時候，不需要為了除草而全身腰痠背痛。

拜覆蓋物之賜，我很少為這群種在門前路邊的高麗菜、薄荷、紅鳳菜與蒜頭澆水。

樸門小百科

覆蓋物有哪些功能？

覆蓋物（mulch）的重要功能，包括：

- 降低土壤中的水分蒸發，減少鹽化機會，增加保水效果。
- 將水分蒐集在覆蓋物的表面，等待被土壤吸收的適當時機，並可提高水分的滲透力。
- 降低因重力、風或水所引起的土壤流失。
- 調節土壤溫度，避免夏日土壤過度曝曬，以及冬季寒冷的極端氣候。
- 抑制雜草（雜草會與你想留下的植物競爭水土資源）。
- 提供土壤有機質與營養。
- 解決農人不知如何處理（有機）廢棄物的問題。

厚土種植法DIY

厚土種植法可以運用在一塊空地上，也可用於家中廢棄盆栽。以下是厚土種植法的基本作法以及步驟。

★步驟一：將露出土壤部分的雜草剪下，並保留根部在土裡。

為什麼這麼做？目的是讓保留的根部腐化後，成為蚯蚓的通道，讓蚯蚓來翻土。不拔根，還可以避免破壞土壤的結構與生態。

★步驟二：在已剪下雜草的土地上方，鋪放一層有機質並澆水。有機質包括廚餘、葉子、果皮等等，但是油膩的餿水不適合。

為什麼這麼做？有機質可以改善很多土壤問題，例如太酸、太鹼、太硬、太濕、土壤污染等等。

★步驟三：將有機質上方覆上一層可以分解的防光層，例如瓦楞紙、報紙、香蕉葉、姑婆芋等等。瓦楞紙板上，再蓋上一層好的土壤。

為什麼這麼做？蓋上防光層可以防雜草生長，提供分解者適合生存的環境。土壤可提供栽種的植物有更好的生長環境。

★步驟四：在最後一層土壤上，必須蓋上至少五至二十公分的撕碎舊塌塌米、落葉、稻草、米糠等覆蓋物。

為什麼這麼做？在表土上方鋪上覆蓋物，可以保溫、保濕、隔熱、防止雜草生長。

★最後，在覆蓋物中挖一個洞，並用刀子刺破瓦楞紙，再將一把有機土放在洞裡，將植物種下，最後再澆水。

★完成圖

實踐行動3 Permaculture

運用同伴植物，創造高生產力

當我運用樸門永續設計營造風之谷家園時，真的很難向別人解釋，我到底在做什麼，因為大家看到的菜園只個是充滿綠意的自然野地，難以分辨哪些是我的作為，哪些又是自然的創作。

百般思考之後，我發現最貼切的說明，就如我在這章一開始說的，我在收集陽光、水及土壤。但我必須強調，從事這個工作不需要一望無垠的土地，因為我學著善用植物社群（Guild）與多層次（Stacking）的設計，在有限的土地上創造高生產力。

在自然生態系中，不同的植物會占有不同的區位、空間，例如地下、地被、灌木、林下樹冠層等等。因此，植物社群與多層次設計是一種透過植物間的互惠關係來創造高效益的作物生產系統，也就是某種植物的功能或未使用到的空間剛好可以滿足另一種植物的需求。這兩種設計其實也是模擬自然界而來，主要是為了省能、創造高空間效益，並且讓該植物社群更具有韌性，一起抵抗雜草或病菌的入侵。

在我的家鄉，最著名的例子即是南美洲三姊妹：南瓜、豆子、玉米的組合。玉米長到約十五公分時種下豆子，豆子可沿著玉米攀爬，而豆子具有固氮能力，能夠將氮轉換成植物所能吸收的養分。玉米是一種需要大量氮肥的作物，因此種了豆子的土地，可以讓玉米與隔年種的植物都同時受惠。在地面上匍匐前進的南瓜，能夠覆蓋整個地面，可說是活生生的覆蓋物，發揮保護土壤、降低雜草生長的功能。

在風之谷家園，我還加上耐陰好照顧的紅鳳菜。我發現紅鳳菜可以忍受南瓜葉造成的陰影，並在南瓜季節過後，成為冬天可以採收的食物，他們可以說是台灣四姊妹。在台灣，尤其在原住民部落都可以發現植物社群概念的種植方法。我曾見過有人將地瓜、檳榔、木瓜、玉米、辣椒與香椿，以及其他具有當地文化特色的民俗植物種在一起。

事實上，每個地區都各有適合當地的種類，因此無需記住特別的「配方」，重要的是去思考每種作物在你的農耕系統當中，能發揮哪些功能、需求又是什麼。

樸門小百科

如何設計植物社群？

在設計一個植物社群前，我通常會問自己：這塊地有哪些植物是自然生長的？我想要在此種什麼？我想種的植物，有哪些功能又有什麼需求？所謂的功能與需求，包括遮陽、落葉、防風、固氮、礦物質、棚架、提供棲息地等等。當我的植物長大後，是什麼形狀？這塊地有什麼樣的空間可容納它？

如果有需要，也可以加入動物。動物的功能包括病蟲害管理，而植物也可作為部分的動物食草。分享幾種已知的同伴植物，包括：

- 番茄、九層塔、萬壽菊與所有的十字花科植物（高麗菜、青江菜、大小白菜等）。
- 玉米、豆子、金蓮花、花生、南瓜。
- 紅蘿蔔、青蔥、九層塔、百里香。
- 蒜頭、魚腥草、玫瑰花。
- 小黃瓜、向日葵、豌豆、蒔蘿。

我做了一些篩網來收集溝渠內的雜草、落葉與土石。

實踐行動 4 Permaculture

肥水不落外人田，循環零廢棄

在風之谷每天都有數不清的落葉、雜草、沙土，沿著更高處的水圳向下流。這種情況在颱風來襲時更加明顯。一般人會認為這是個大麻煩，因為落葉雜草是堵塞水圳的元兇，如果能讓大水快速將它們沖走，會比較省事。但是，這些物質其實是製造土壤的珍貴素材。因此，我做了一些篩網來收集溝渠內的雜草、落葉與土石，然後將這些有用的資源覆蓋在特定植物周圍。它們會逐漸分解，回歸土地成為養分。光是這條小小溝渠，每年就可收集高達數噸的有機質，使其再轉為土壤，而不是白白流入太平洋。

我還有另一種真正保留肥水的方法，就是廚餘堆肥與堆肥廁所。從小，我的母親一直都在自家院子裡處理廚餘和落葉堆肥，用在她引以為傲的花園之中。母親說，我的外公生前在小鎮上所開的雜貨店裡，就賣著一包包人糞肥料，直到現在還買得到。不過，隨著人們吃的食物不再像以前那麼單純，許多人開始擔心人糞肥料當中會含有重金屬等污染物。

在母親的耳濡目染下，我很習慣以回歸土地的方式來處理自己所生產的廚餘。吃進肚子裡，但最後還是排了出來的部分，我也用堆肥的方式來加速它回歸大地的過程。

堆肥廁所，真的一點都不臭

樸門永續設計的原則之一是「回收與儲存在地能源」。我一直覺得，用好不容易過濾乾淨的自來水來沖走人們覺得很髒的排泄物，是現代生活中最不可思議的事，浪費能源又不符合邏輯。人的排泄物其實是一種未能被使用的能量，因此我希望能夠回收它，讓它回到大自然體系中，成為對其他生物有用的物質。

首先，我徹底研讀了人糞堆肥的各種相關資料與書籍，了解可能的風險與有經驗者的建議方式。接下來，就開始思考究竟哪裡是風之谷最適合作為排泄物堆肥的地方，以及利用哪個方法比較適合現在的環境條件。

我將堆肥馬桶設計在原有的廁所裡面，與既有的沖水馬桶面對面。上完廁所，只要用木屑或粗糠掩蓋，就不會有味道了。每次有人來參觀堆肥廁所，最常出現的提問就是：「木屑或米糠的量，究竟多少才夠？」我的回答很簡單：「把自己當成一隻貓，善用我們與生俱來的能力，就知道了。」

不管是小號大號，貓咪每次辦完這件事情，都會用腳把沙土撥過來掩埋，然後不斷地回頭去聞，如果還有味道，貓咪會繼續撥沙，直到味道消失，才會滿意地甩甩腿離

1. 我們簡易的堆肥廁所滿了後（2～3人使用，約一週會滿），我會將桶子倒在另一個堆肥區。
2. 堆肥發熱後（攝氏45度以上）會將可能的寄生蟲等除去。
3. 路邊隨手堆積的雜草是堆肥最好的覆蓋物，可防止病媒與臭味。

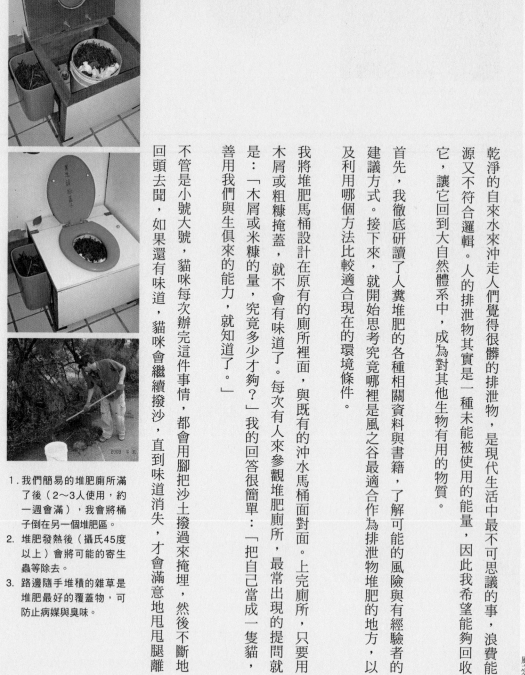

開。使用堆肥廁所的要訣也是如此，就是回復動物本能，學習用鼻子來做決定！

當室內堆肥廁所的桶子滿了，我將桶子帶到預先設計好的位置，集中堆肥，再蓋上厚厚的一層乾草，讓它繼續分解。在處理得當、用對方法的前提下，肥堆會發熱，將細菌或寄生蟲殺死。如果持續下雨，則用防水帆布蓋上，避免養分與未完全分解的部分被沖刷，才不會衍生健康風險。經過一年多，我興奮地翻開它，發現肥堆真的轉變成黑色且聞起來相當健康的腐植土了。

不過，無論是廚餘堆肥或排泄物堆肥，都有不少的細節需要了解。除了得考慮使用的頻率，最重要的是根據自己的基地環境條件（地質、氣候）與需求，先做好功課才開始。例如，羅賓的鴨嘴獸農園幅員廣大，使用的系統就與我的不同。她設計的是乾式堆肥廁所，將多餘的尿液引到埋在地面下的水管，與中水一起灌溉果樹；非液體的排泄物，則藉由隔離的桶式堆肥分解成為肥料，以供日後使用。

只要灑上足夠的覆蓋物，堆肥一點都不會臭。

實踐行動 5 Permaculture

讓水慢下來，好好收集並善加利用

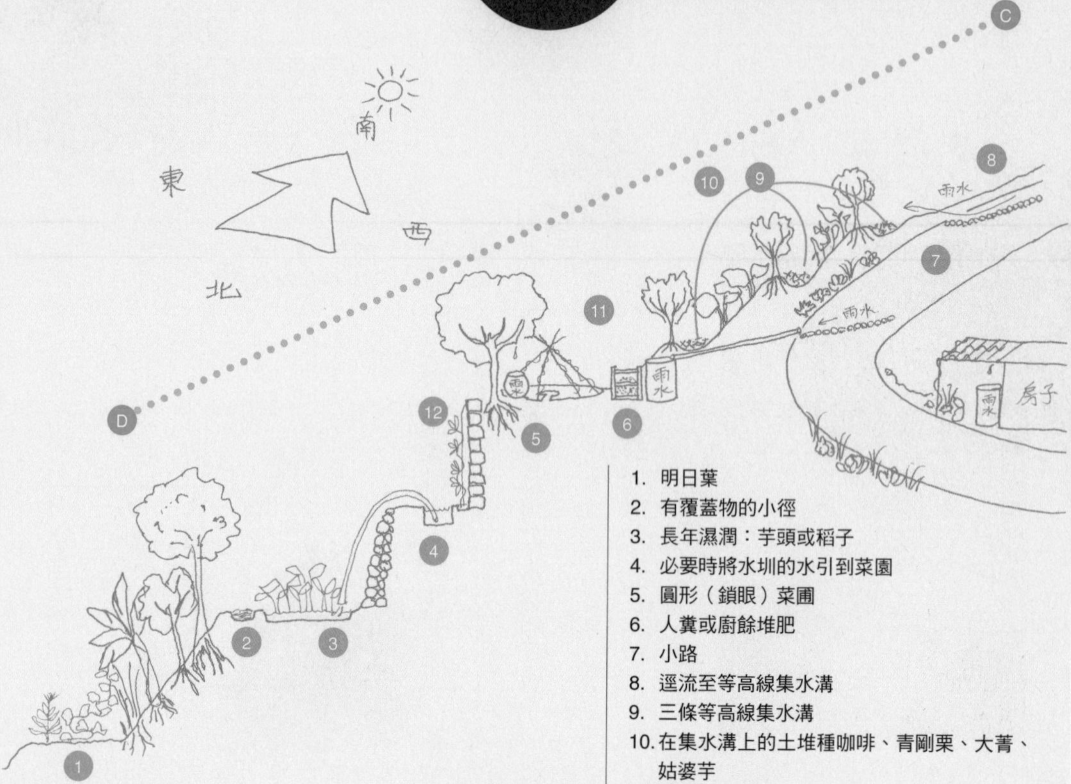

風之谷農園的剖面圖

1. 明日葉
2. 有覆蓋物的小徑
3. 長年濕潤：芋頭或稻子
4. 必要時將水圳的水引到菜園
5. 圓形（鎖眼）菜圃
6. 人糞或廚餘堆肥
7. 小路
8. 逕流至等高線集水溝
9. 三條等高線集水溝
10. 在集水溝上的土堆種咖啡、青剛栗、大菁、姑婆芋
11. 逕流入集水桶
12. 牆面種豆子與絲瓜

風之谷家園座落在迎東北季風的山谷中，冬季風雨特別大。但是，我決定將這個問題視為應該要小心保留的資源。每逢下雨，大量的雨水會從鐵皮屋前的馬路快速地四處流竄，暴雨來臨時更是雨水夾雜著土壤與碎石一起流失，看起來頗令人憂心。

為了減緩水土流失的速度，並增加雨水注入地下水層的比例，我將鐵皮屋前柏油路上所溢流出來的水，引導到菜園裡，並設計了一連串沿著路邊水溝的小型集水溝渠和小水塘。透過這些小小的設計與改造，除了達到保水與集水的功能之外，也能夠分散水流的力道，降低暴雨或颱風夾帶的大雨對農舍與梯田所造成的衝擊。

另一個讓水慢下來的小實驗，是在風之谷家園中一段小小的山脊。經過一段時間的觀察，我發現山脊保水不易，即使整體環境雨量豐沛，但是山脊卻很乾，能生長的植物種類很少。為了練習所學，也為了增加風之谷家園的生物多樣性，我在這片山脊上沿著等高線進行了集水溝的設計，減緩每次降雨時，雨水流失的速度，讓更多水能有機會與時間注入地下，提高土壤的保水力。同時我還種下了咖啡、青剛栗、大菁、姑婆芋、各種蕨類、芋頭等喜愛潮濕環境的植物。（參見第一九二頁圖之9與10）

一年後，植物種類的變化告訴我，小山脊的微氣候條件改變了，因為那裡原本只有耐旱的腎蕨。這次的實驗與練習給了我信心，證明在澳洲所學的方法，在因地制宜的前提下，確實能夠發揮改善環境條件的功能。

營造一座陽光工廠

鄉居的環境條件提供我一些空間來處理生活產生的中水，這是住在城市環境中較難自行改造的一項。

原先中水是經由一條簡易的水管直接排到屋前馬路，了解污水流出的方向之後，我決定沿著鐵皮屋設置了一條長約三十公尺的簡易中水過濾系統。它是一條細長的小溝，

路邊的中水過濾系統，是利用植物來過濾污水。

透過管線，香蕉將我們的家庭黑水（化糞池排出的肥水）吸收，轉換成食物。

溝裡種了許多可以收集養分的水生植物。之後就讓中水的排水管直接流入小溝裡，經過植物的吸收與淨化才流入水圳。後來，我發現中水幾乎早在流入水圳前就被完全吸收，很少有機會排入水圳當中。

如此一來，可以避免養分流入河川，造成河川的優氧化。這些水生植物透過光合作用吸收陽光、二氧化碳，同時吸收中水裡的養分。當植物長大之後，我會將它們疏伐，成為製做堆肥時最好用的有機質。

簡單地說，我的目標就是讓土地上長滿植物，讓這一座陽光工廠發揮最大效益。而住家周遭環境也因為植物的調節，變得冬暖夏涼。許多親友看到家門前長著如此茂密的植物，擔心植物會引來一些蛇，但在那裡的六年之中，我發現只要謹慎運用面對其他生物的常識，並帶著尊敬的心態與行為，風險自然會降低許多。

善用漏水營造出小小生態系

風之谷家園的簡易農舍陽台，只要一下雨，水就嘩啦啦地從破裂的水管中流下來，使得陽台地面濕答答的，很惱人。起初，我跟一般人一樣，直覺反應就是應該爬上屋頂把漏洞補起來，可是想到五金行賣的修補材料通常是有毒物質，就遲遲沒有行動。好在我也懶得動，索性拿個桶子接水了事。這樣做解決了陽台濕滑的問題，也能收集多餘的水來清洗地板。

然而，好景不常，沒多久蚊子就開始在水缸裡繁殖。為了解決蚊子的問題，我決定養魚來吃孑孓，如此不但解決了問題，也帶來不少生活樂趣。但沒想到，另一個問題又出現了，魚的排泄物把水搞得很渾濁。我是一個連自己排泄物都捨不得丟的人，當然想要好好地利用肥水。我想到布袋蓮是一種很會吸收養分的水生植物，於是丟了幾棵進水缸。沒過多久，水質果然清澈許多。由於布袋蓮生長快速，可以頻繁收成，也成為堆肥的好材料。

我也使用充滿養分的水來澆灌陽台上的盆栽。眾多盆栽在我方便且適時的澆灌照顧之下，日益繁茂，讓陽台充滿綠意與生氣。過了一陣子，我又發現水缸收集的水資源和養分，已經供過於求，於是便繼續為這個系統增加成員，像是沿著水管掛上豬籠草來抓小蟲和蒼蠅，以及用村子裡遭到丟棄的蘭花來接漏水。從蘭花盆栽流出的水會滴入水缸中，一滴都不漏接。

一年之後，這個系統變得更加豐富，還不時開出美麗的蘭花。反而讓我希望原本的漏洞大一點，好讓我能夠接到更多水。這個陽台漏水的問題，一開始被視為問題所在，最後卻成為正面的資源，創造出自我支持，不需外來資源的小生態系統！

我領悟到，運用樸門設計原則所創造的生態系統，跟大自然中生態系統形成的方式很類似，只是透過設計得當的人為介入，我的進度更快些。不過，我也是在幫助地球減緩水分流失的速度，並將取之於大地的水，用來回饋給其他生物。

這是我所遇過最棒的漏水狀況！圖中號碼顯示我逐步解決問題的步驟。我的方法是每次都為這個系統加上另一個元素。最後我發現，把問題看成正面資源的習慣，引領我一步步地創造出一個迷你生態系。

1. 洩水溝的漏水滴到陽台地上
2. 我將漏水看成資源，開始收集，不久後卻引來蚊子。
3. 在水缸中養魚，解決蚊子的問題。但卻讓水缸中的水太過營養而混濁。
4. 加上布袋蓮來吸收水中過多的養分。
5. 降雨量大時，水會溢流，所以我在陽台中多種了幾盆植物，解決水過多的問題。
6. 加上喜歡潮濕環境的豬龍草，控制陽台上的蟲蠅。
7. 我在漏水孔下綁繩子，再加上幾盆蘭花，每一滴漏下來的雨水都會先流到蘭花，再往下滴，成為一個自動澆灌系統。

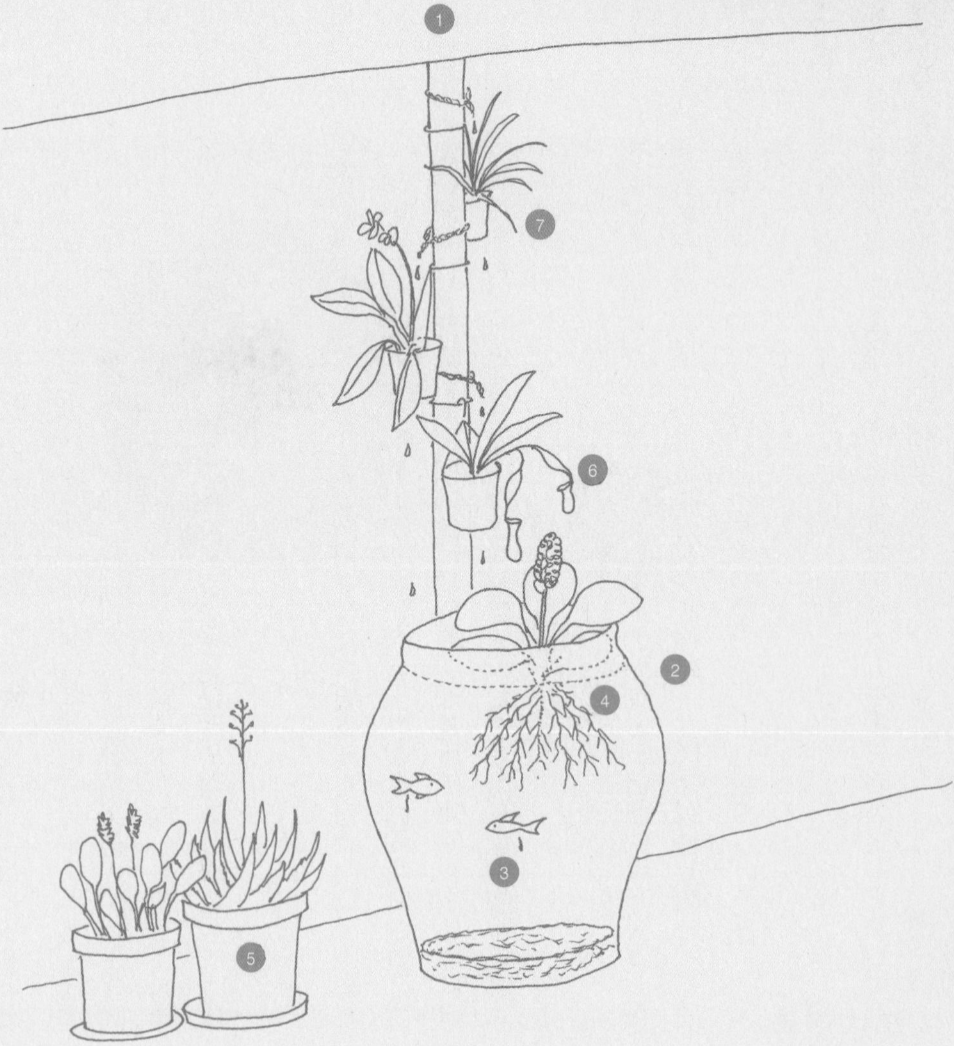

實踐行動6 Permaculture

與太陽共舞，運用在地能源

陽明山區的四季變化相當明顯。春天總是陰雨綿綿，鐵皮屋又潮濕又陰暗，幸好正值山櫻花和吉野櫻輪流綻放，為春天的風之谷家園增色不少。在夏天，鐵皮屋頂不斷吸熱，就會覺得屋內悶熱不通風。秋天的風之谷家園，則是比較適合人住的時間了。冬天是最難熬的，東北季風帶來的風雨與不時侵襲的寒流，讓人天天打哆索，還得忍受家具、書籍發霉的日子。因此，通風與採光是改善潮濕、陰暗問題的最重要策略。

我的方法是在鐵皮屋頂設置天窗，且其位置是幾經考量與觀察而產生的設計。在早晨的時候，陽光能夠穿透天窗射進客廳，室內不再需要開燈；在下午兩點，鐵皮屋內最悶熱時，陽光正好被天窗上方的樹影遮去，減少了日射量。之所以能夠應用的如此巧妙，都得仰賴平日我對陽光角度與附近環境觀察的結果。（參見第一九八頁圖之10）

解決了採光問題，還要想如何能讓鐵皮屋更通風。在整理房子的時候，我意外地發現，房子裡的某個角落會不時灌進微微的涼風，為悶熱鐵皮屋的小角落帶來涼意。經過幾次觀察之後，我確定該處是個引進涼空氣的適當位置，於是利用整修房子的時候，用紅磚、鐵網蓋了數個小通風孔，讓涼爽的空氣從房子的低處進入，降低悶熱感。（參見第一九八頁圖之9）

不論是漏水、採光、通風等問題，我都是靜觀思辨後，再逐步動手改善，以樸門設計原則來達成簡單又有效的永續生活。

東北向坡
海拔475m
北台灣，陽明山區平等里

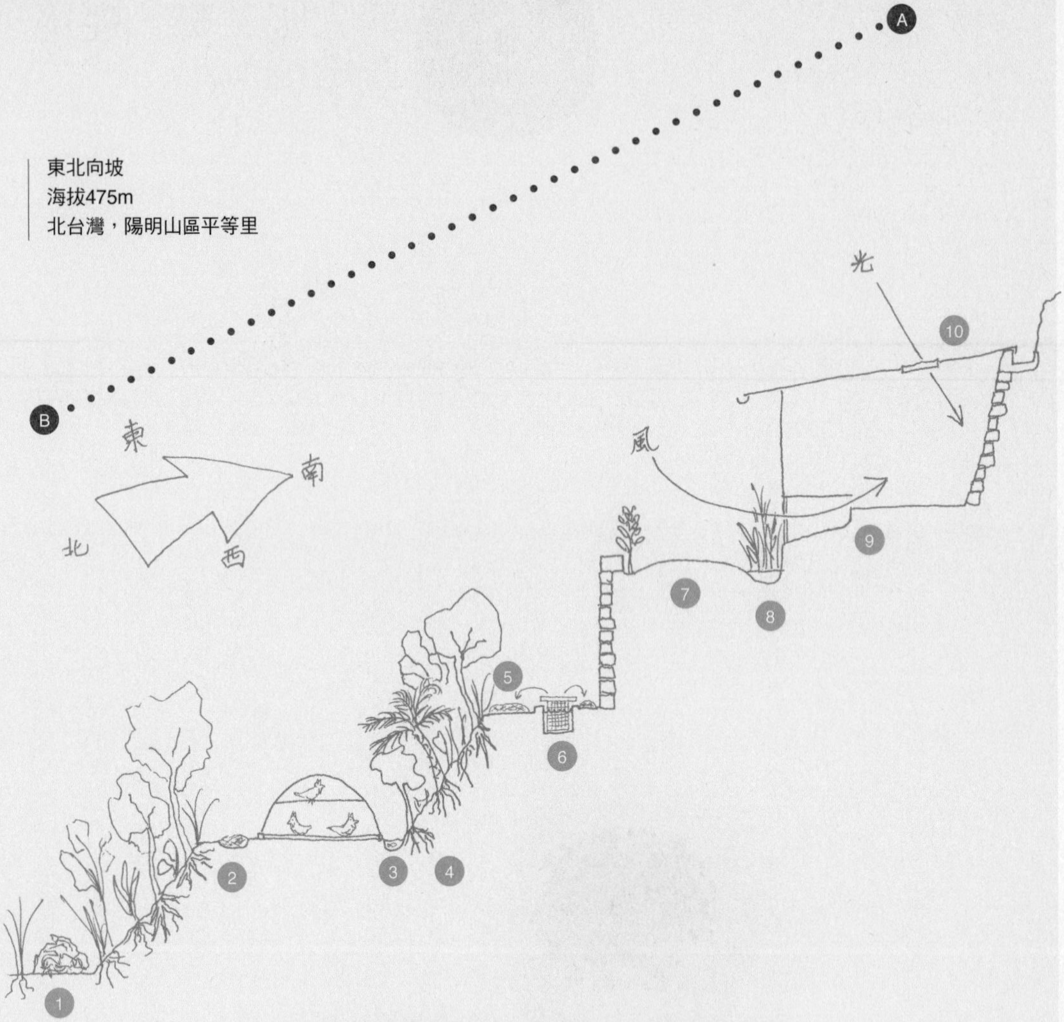

風之谷農園的剖面圖

1. 在基地低處收集有機質材料來堆肥，比起將材料帶到園子堆肥來得容易
2. 有覆蓋物的小徑能防止土壤被壓實，可提供蚯蚓棲息地，減少土壤流失與水分蒸發
3. 水池 / 排水溝
   - 水流到菜園
   - 逕流至有覆蓋物的小徑
4. 果樹
   - 從菜圃吸收多餘營養
   - 雞防治果蠅
   - 防風
   - 益蟲棲息地
5. 養分
6. 收集水與營養
   - 水圳引進水源
   - 每年產生數噸有機質（樹葉、沈積物）
   - 有機質 + 營養
   - 以虹吸方式將水引到下方
7. 水泥路
8. 中水
   - 與雨水逕流分開
   - 多元的植物可吸收不同的養分與污染
   - 中水的蒸發散作用
9. 地板通風，從陰涼處引進空氣
10. 天窗

實踐行動 7 從菜園到餐桌

Permaculture

跟大衛學的蒜頭保存法——蒜辮，當然可應用在台灣。

在風之谷家園，除了自己種菜之外，我還開始學習收集太陽能量來烹煮自己種的食物，這是運用太陽光熱來創造微氣候的一個最佳例證。

太陽能鍋使用所有微氣候的相關知識，來創造一個超級熱的小空間，熱到能夠烹煮食物！要讓太陽能鍋發揮效用，主要的訣竅在於善用「顏色」，分別是銀色、黑色和透明。

透明的部分安排在頂部，可以讓陽光穿透又防止熱能散逸；銀色具有反射功能，可以導引陽光加熱鍋子；黑色有吸熱效果，便可以盡量吸收陽光。只要簡單地將這些顏色安排在正確的位置上，就可以利用陽光煮食物了。

食材準備的方式跟一般使用悶燒鍋的方法沒什麼兩樣，只是要早點開始罷了。我將太陽能鍋放在農舍門前的小徑旁，把角度調整到面對陽光的位置，就開始我的午餐烹飪過程。之後，我會到菜園裡走走看看，或是洗衣、打掃、翻譯或上網聯絡事情，完全不必擔心鍋子燒焦或溢出來。

兩個小時之後，就能享用一頓不用到任何瓦斯與電力的超低碳飲食。如果當天的部分食材也來自家中菜園，那就幾乎是零排放、零食物里程的零碳飲食了！

2000年，我們第一個太陽能鍋，以及用太陽能烹煮的食物。

樸門小百科

將太陽能烹飪原理應用在都市空間

搬離風之谷家園後，我們仍在公寓屋頂上使用太陽能鍋。它的原理也帶給我們的公寓生活其他的靈感。由於公寓的陽台朝向東南邊，前方又有大建築物擋著，客廳光線並不充足，只有在冬天時，會有較多陽光射進陽台。於是，我利用太陽能鍋反射的原理，冬天時在陽台上放置反光板，將室外光線反射進入較為陰暗的室內天花板，照亮客廳的餐桌與閱讀區。如此所創造的微氣候，不但減少了白天的能源使用，溫暖的冬陽還讓室內變得溫暖又除濕，非常舒適。

鄉居生活中的好朋友

鄉居心得1 地上爬的、天上飛的，都是好朋友

二〇〇〇年，我開始實踐樸門永續設計，當時並沒有台灣的樸門同好可以請教，所以我的農耕經驗通常也來自附近的農夫，有時候確實很有幫助，有時候則是從嘗試錯誤中邊做邊學。我尊重他們的經驗，並傾聽他們給的建議。

有一次，鄰居告訴我：「你的田裡有地鼠，小心菜會被吃掉喔！」「你可以拿根長棍子在菜園裡等，發現地面下方有地鼠在移動的時候，就垂直地往裡面打下去就行了。」聽完之後，我自認為自己並沒有這種矯捷的身手。不過，有一天我正拿著鋤頭經過菜園，腳下感覺到地鼠正在動，出於好奇心，我照著鄰居的指示做，沒想到真的擊中地鼠！然而，最初的勝利感馬上變成難過和沮喪。

當我看到鄰居口中所說的地鼠時，以我有限的生物知識與從地鼠的生理構造來研判，根莖作物不應該是牠的主食。我趕緊翻閱書籍了解地鼠的習性，以及在自然界中的角色。

地鼠是蚯蚓數量的重要指標。

地鼠是蚯蚓數量的重要指標

原來牠叫做鼴鼠，主要以蚯蚓和土裡的蠕蟲、小型兩棲類、爬蟲類為食物。鼴鼠在表土層活動時，會咬斷阻礙牠鑽洞的農作物。但一般情況下，牠並不會大肆地吃掉我辛苦種的紅蘿蔔、白蘿蔔或山藥等根莖植物。我發現自己的莽撞，已經盲目地改變生態系了。

從生態的角度，鼴鼠是蚯蚓數量的指標。在蚯蚓多的菜園裡，到處可見鼴鼠挖掘的地洞就是可能的證據。再仔細觀察，還發現鼴鼠入侵的地方，土都非常鬆軟，塞入蒜瓣去種剛剛好，不用再做鬆土的準備。我認為，多半的時候，鼴鼠其實在幫我，而不是害我。

人類常在不經深思或了解實際狀況之前，就一下子用撲殺和消滅的方式來對待自然界中我們不熟悉的生物。以鼴鼠為例，牠的確也能夠成為我菜園中的朋友，替我作點小工。而我的工作就是提供有利蚯蚓生長的土壤環境，以便支持一小群鼴鼠的生存。我相信，增加生物多樣性為菜園所帶來的好處，肯定是大於低生物多樣性的菜園。

猛禽的存在，反應生態系的健康

在風之谷家園，除了會有一些不常正面相遇的地下夥伴之外，還有一些是經常可以遠觀的鳥朋友！相當幸運的是，在這六年多的山居生活，我與這一群有翅膀的朋友，有多次近距離接觸的精采邂逅。

夏天的風之谷家園非常熱鬧，天還沒全亮就聽到各種動物活動的聲響。最明顯的是，從鐵皮屋頂上傳來快速來回奔跑的咚咚聲。一開始心想，房東養的那幾隻狗真調皮，竟然跑到鐵皮屋頂上追逐玩耍。不過，我還是拿起棉被蓋著頭繼續睡。幾次之後，我實在有點不解，這些狗兒的腳步聲怎會時輕時重、時快時慢，而且又夾雜著嘈雜的嘎嘎聲。

有一天，屋頂上的怪聲音又把我吵醒了，我很快地起床跑到外面查看，原本要破口罵狗兒別再擾我清夢，沒想到，眼前竟是一大群台灣藍鵲，在鐵皮屋頂上追逐、嬉戲。看著這群長尾山娘，即使牠們的嘎嘎聲一點都不悅耳，性情也頗為凶猛，我們也不得不承認自己非常幸福！

在山間，如果聽到「悠～悠～」的叫聲，只要抬頭望，大概都不會錯過大冠鷲的身影。在風之谷菜園的旁邊，有一根電線桿，是大冠鷲喜歡駐足的相對高點。有一天，我和外甥女非常近距離的觀察牠，足足有半小時之久，忽然間，大冠鷲振翅而飛，我們還沒弄清楚狀況，只見牠迅速俯衝而下，在草叢中施展了幾個小動作，便準確地回到電線桿上，口中已經叼著一條長長的蛇，並且一口一口地往下吞！目睹此景，我與外甥女只能以瞠目結舌來形容！

我們也曾「耳聞」貓頭鷹的狩獵經過。某個傍晚，我和慧儀正從菜園走到家門前，聽見鼠輩的哀嚎聲，但這熟悉的聲音，居然是從空中傳來！老鼠在空中哀嚎？抬頭一望，昏暗暮色中隱約見到一隻猛禽（猜想是貓頭鷹）飛過，而老鼠的哀嚎聲也隨著飛過的猛禽

我們種的木瓜，和鳥兒一起共享。
Ariana Pfennigdorf／攝

漸漸遠去。

身為樸門實踐者，我知道這些生活中的朋友，其實是環境的報馬仔。當有猛禽類的掠食者存在，勢必有足夠的食物，也就是有其他生物在撐起這個能量金字塔，並表示這個地方是健康平衡的生態系。我很坦然接受自然生態的運行，以及生命循環的變化，因此我不需要扮演解救弱者的英雄，或是決定誰能生存的上帝。我的責任就是把自己對環境及其他朋友造成的影響與壓力降到最低，讓這些朋友都能安然自在的過生活。

鄉居心得2——長者的智慧，受益又受用

平等里是老年人口居多的村落。我發現老人家很懂得自己所生活的環境，因此和他們聊天是我蒐集在地知識與經驗，以及認識台灣傳統文化的機會。老人們所提供的資訊有些也許僅供參考，有些則相當受用，而且仔細深究會發現，他們也許不清楚為什麼祖先這麼做，但用現代生態學與科學來檢視，也往往能發現箇中道理。

老人家言行，透露對野生動物的敬畏

老人家住在山上一輩子，跟蛇相處了數十年，還是不輕易把這個「蛇」字說出口。不知是對蛇的敬畏，還是認為被蛇聽到了，蛇就會出現？記得老房東總是用台語說：「最近

有沒有看到『那個～那個～長長的～』？」第一次聽到這個問法，讓剛搬到山上的我和慧儀，一頭霧水。

老人家處理與蛇相遇的方式，也呼應對蛇帶點恐懼卻又尊敬的態度。一天早上，我和慧儀準備下山，來到老房東家的圍牆時，就看見一尾長長的眼鏡蛇順著牆邊往前爬。我們停住腳步，向老房東喊了幾聲：「阿伯，有飯匙倩（台語）！」毒蛇對住在此地的人多半是司空見慣，老房東一聽，立刻從屋裡拿出一把長夾子，把蛇夾起來。往大門方向小跑步前進，一邊說：「請牠到別的地方去就好了，不要傷害牠，牠就不會再過來了。」說著說著，或許是眼鏡蛇長長的身軀扭動的關係，牠竟然從夾子上掉了下來！牠馬上揚起上半身，頸部擴展成扁平狀，向老房東做攻擊狀，還同時發出「呼」的一聲！幸好老房東畢竟在山上住了很久，很勇敢地將眼鏡蛇夾起來，順利地將牠放到對面的荒地中。

這段與眼鏡蛇相遇的小插曲，最令我難忘的是老房東在過程中重複叮嚀的：「請牠到別的地方去就好了，不要傷害牠，牠就不會再過來了。」從科學的角度來看，老房東的話或許毫無證據，但我知道這是老房東對其他山中野生物的敬畏與尊重。學佛的朋友也告訴我，這與佛家的思想相呼應。

老房東也經常與我分享他對土地的看法。記得他說過：「人要倚賴土地，而不是依賴金錢，要看土地的臉色，而不要看人的臉色。」十年過去了，我覺得這句話在此刻、許多人對全球經濟失去安全感的時代，更是我們要謹記的金科玉律。

想享受自然美景，得接受自然中有許多讓人感到害怕或不喜歡的生物，學習與之共處。

樸門永續設計有助於維繫五大元素

「陽光、水、土、有機質，以及在地智慧」這幾項元素，是人類生活不可或缺的必要物質，它們離我們而去的速度端看我們有多珍視它們而定。每失去一種元素，我們所生存的生態系就會更為脆弱。

過去，人們多半都知道如何從大自然中獲取食物和生活所需的物質，也很自然而然地熟悉與大自然的相處之道。然而，這些「常識」正快速地消失、崩解。阻止傳統智慧的流失，是人類歷史中最迫切的任務，我們應該趕快學習設計一個能保存這些知識，並教導我們生存技能的生活環境。

對我來說，樸門永續設計如同一條無形的帶子，將這五種元素完整地維繫住，並確保它們不斷再生。而我在風之谷家園的練習經驗更深深地說服我，在樸門永續設計的世界裡，人類是地球環境的主動設計者，不但要在設計中保存這些元素，更要積極地收集它們。無論你是擁有一塊地或一座小陽台，都可以從這幾個元素開始思考，相信在你設法收集它們的過程中，生活將會愈來愈輕鬆，也愈來愈貼近自然。

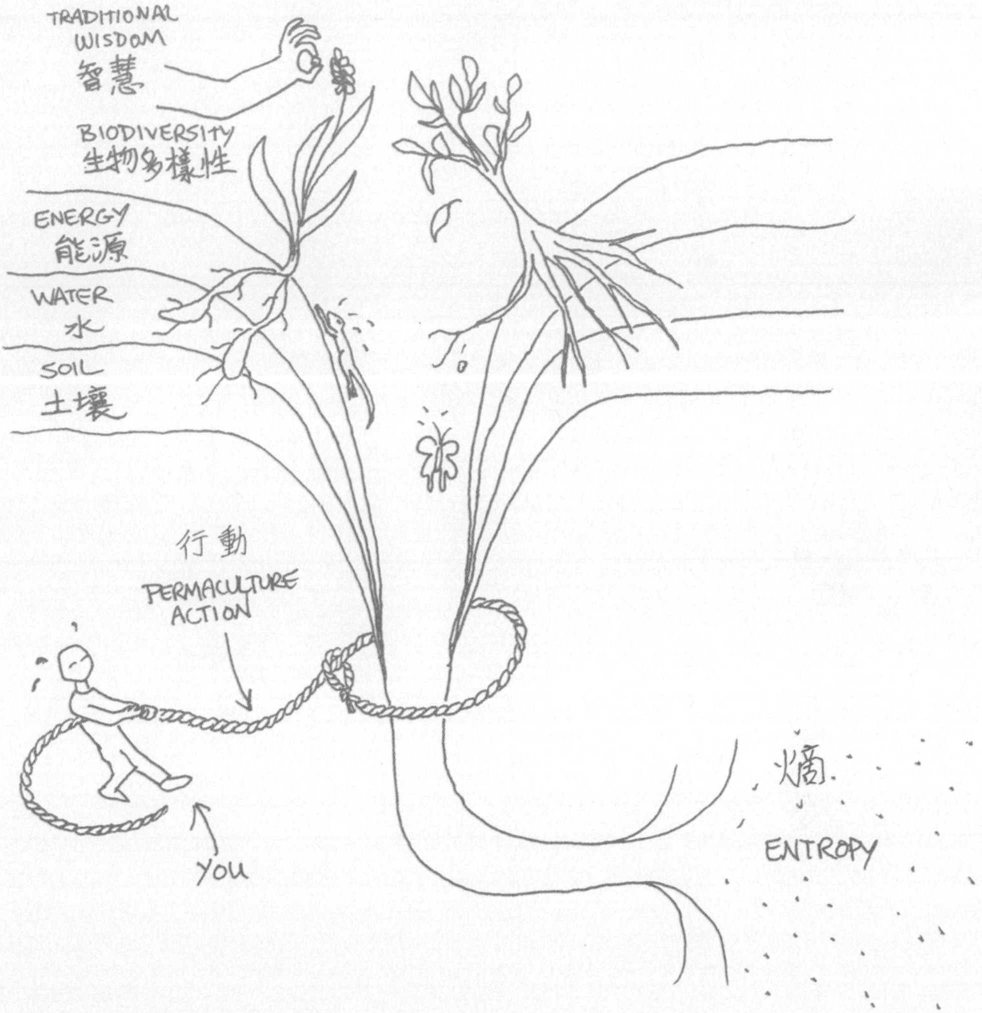

我們生存在地球上最需要保留與收集的五大元素。一旦這些元素流失，到無法再被使用的地步，就很難再收集回來。當我們對這些元素的消失有所意識，才能驅動我們在繩子的末端緊緊地拉住它們！

熵（Entropy）：簡言之，無法再被使用的能量。

chapter 6

台灣的樸門城市實踐

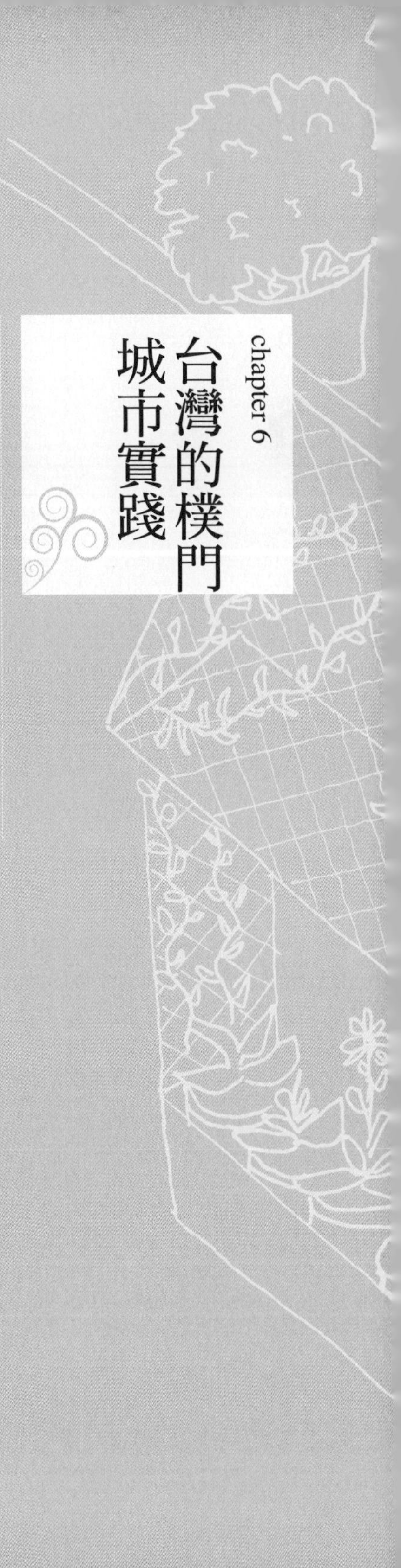

在城市輕鬆擁抱綠生活

一座理想的城市應該也是一個有能力收集陽光、保水、重建土壤，並保留在地智慧的循環型居所。城市中的居民，無論貧富、年齡、性別、性向、職業與種族都享有友善、安全的生活空間。

拜現代科學之賜，我們得以透過衛星觀看我們的居所。近來，在我的演講當中，總喜歡請聽眾一起觀看幾張衛星空照圖。透過清晰的影像，可以清楚地看見我們在台灣，甚至全世界所留下的痕跡。很明顯地，只要是人類聚集的地方都會在地景上留下灰白、水泥的區塊，綠色的大地隨著城市的擴張，被不斷地外推、再外推。

尤其像台北、東京、紐約、倫敦或墨西哥市這種巨型都會區，是地球上一種相當不可思議的人類發明與產物。我們不僅無法忽略它的存在，甚至很難脫離它的影響。因為鄉村與城市有臍帶關係，城市高度仰賴鄉村資源的滋養，城市愈擴張愈需要鄉村的資源來支持。這裡所指的鄉村，也泛指地球上其他國家的鄉村了。

居住在全球大城市的人們，在資訊爆炸、前衛科技產品不斷推陳出新的引誘下，很難真切地感受到現代生活的便利，是極度仰賴看似永無止盡的能源、綿延的高速道路、海底的纜線、空中的衛星資訊所搭建的海市蜃樓，看似真實卻很脆弱而虛幻。

幸而，樸門永續設計不斷地強調「把問題當成正面的資源、在問題中尋找答案」。我們雖深陷在仰賴化石燃料撐起的經濟掛帥社會，但也可以把此時此刻視為人類社會轉型的契機，戒掉石油上癮症以及種種為現代人類帶來空虛、憂鬱、污染及不快樂的生活模式。如果城市能夠被重新設計、改造得更永續，不僅城市居住者是最直接的受惠者，地球的壓力與負擔也會日漸降低。

不用逃離城市也能一圓田園夢

城市擴張問題嚴重，台灣也不例外

除了看到城市體質潛在的脆弱，促使我在城市倡議與推動樸門永續設計的重要原因之一，是過去十多年來，回歸田園的綠色思潮風起雲湧，卻猶如兩面刃讓台灣農村與山林起了變化。

在風之谷家園，我們眼見村子裡一片片肥沃的農地賣給不從事耕作的城市人，村子少了一個個充滿智慧的老農夫、也少了許多生產食物的土地。當人們紛紛在台灣的農地上「種」別墅，小村子的山邊就會長出更多水泥建築，產業道路上會穿梭著更多汽車，路燈也一支支地點亮起來了。

事實上，世界各大城市也都依循這樣的趨勢開發。當城市空間愈來愈擁擠、環境污染問題層出不窮，有錢的人就會漸漸移往郊區享受更乾淨的空氣和水質、更廣闊的空間。當郊區的人愈來愈多，郊區又變成新城市，而原本的市區中心往往變成只剩下搬不走的弱勢人口。如此城市持續擴張的現象，已經演變成全球重要的環境問題之一。

用聰明的方法重新設計都市，或許是21世紀人類最重要的課題。黃信瑜／攝

許多人都知道城市的問題，因此想要逃離。在某次演講中，我好奇地問在場的六十位聽眾：「有多少人想擁有一塊屬於自己的土地，離開城市實現田園夢想？」有將近五十位聽眾舉手。接著我問：「有把握在十五年內完成這個夢想的人有幾位呢？」這時候，只剩寥寥五、六位還高舉著他們的手。這個簡單的小調查，不是要打擊我的聽眾，只是要提醒大家，即使夢想難圓，也無需坐以待斃。

努力讓城市變好、變綠、更適宜人居

「何不努力讓城市變好、更適宜人居呢？」「何不改造城市，讓城市也具備某些農村可以提供的功能，可以生產食物、可以容易聽到昆蟲和鳥兒振翅、歌唱的聲音？」「何不讓城市也成為自給自足的夢土，能夠產生自給的能源，管理自己的水資源？」「何不讓城市綠帶隨處串連，讓鳥兒在空中飛行鳥瞰城市的時候，有數不清的屋頂綠地可以停歇？……」

二〇〇七年地球日，慧儀在公開發表的文章中，提出「用綠色思潮光復城市」的想法。同年五月號的美國《時代雜誌》也提出了「對抗全球暖化的五十一個行動」，其中一項「回歸城市」的呼籲，正好呼應了我們「用綠色思潮光復城市」的想法。該刊物指出既有城市已經建立較為完善的大眾運輸系統，以及較高的生活機能等軟硬體建設，如果妥善運用這些資源，城市能源使用效益可以比郊區高出許多！

幾個世紀以來，台北盆地本身已經產生了在地人生存所需要的物資。如果明天開始斷水斷電，我們該如何生存下來？黃信瑜／攝

我心中的永續城市

勾勒一座永續城市的藍圖

那麼，作為一個樸門實踐者，我心中理想的永續城市是什麼樣貌呢？我想，一座理想的城市應該與鄉村一樣，是一個有能力收集陽光、保水、重建土壤，並保留在地智慧的循環型居所。它是一個以人為尺度、居民永不挨餓的所在。城市中的居民，無論貧富、年齡、性別、性向、職業與種族都享有友善、安全的生活空間。

人們樂於騎腳踏車、步行，或者搭乘高能源效益的公共運輸系統往來工作與住家之間，因此這是個悠閒安靜、可以隨時聽到鳥鳴的城市；走在路上，隨手摘下路邊或公園中當季的水果就可充飢解渴，且人人都有機會享用，沒有人會將它占為己有；每天在農夫市集中，都可以購買到在地生產的新鮮有機食材，而且因為工時的縮短，讓多數人都有時間為自己、為家人準備美味又健康的餐點，與家人享受高品質的家庭時光。

在這座城市中，每棟建築都學習與太陽合作，營造出採光、通風、對流都非常自然舒適又低碳節能的居住空間，藉此降低對化石能源的使用需求。其他城市中所需要的能源，

在城市也能擁抱綠生活

這張示意圖提供將樸門永續設計原則應用在城市裡的一些綠點子，只要掌握原則，你也可以自己發想各種行動！

綠點子❶ **使用並珍惜再生資源與服務**：設一個堆肥專區，收集社區的落葉、廚餘。

綠點子❷ **把問題看成正面的資源**：將落葉與枯枝堆成一堆，並在周邊種植香蕉，可將廢物轉變成食物。

綠點子❸ **觀察與互動原則**：多注意都市空間中的荒地或畸零地，種下一些在地植物來復育生態

綠點子❹ **使用邊界生態及重視不起眼的資源**：空地也可以種木瓜，果實成熟人人可享用。

綠點子❺ **將能源、食物供給等重要功能，由許多元素來提供**：多發想如何有效地運用在地能源，例如圖中的火箭爐，只要一些枝條就可以煮食。

綠點子❻ **將不同元素整合在相對的位置**：把雨水回收桶安排在離菜園最近的位置，方便澆水。

綠點子❼ **收集、儲存、回收在地能源**：利用自製的「太陽能鍋」，邀請太陽煮午餐。

綠點子❽ **有效率的能源規劃，共同分享物資或服務**：成立「資源交流中心」，把工具、家具、建材、園藝等材料和社區居民共享。

綠點子❾ **使用小而慢的方法**：騎著三輪車，挨家挨戶回收珍貴的「餿水」。

綠點子❿ **有勞有獲**：成為都市新農夫，為家人、為社區生產部分的食物，鼓勵自助。

萬年居住型合作社
社區菜園
大家@公園
社區堆肥
資源交流合作社
·工具·傢俱·建材·園藝
公共自行車
租車站
萬年
社區果園
1
2
3
4
5
8

也都以小而美的分散式可再生能源來提供，讓每棟住家與辦公大樓都是發電廠，盡可能負責生產自己一年所需要的用電量，也透過公共電網來貢獻自己在非尖峰時間所產生的電力。當然，除了能夠自己生產電力，永續城市的居民也都願意規劃並實踐自願性的簡約生活。

永續城市是價值觀與文化轉換的結果

即使連下幾天的雨，這座城市也不會淹水，因為過多的水量都被隨處可見的綠色植物利用、土壤吸收、回注補充地下水，或是被居民收集起來利用。當整個大環境都很潔淨，雨水就能夠維持高品質的狀態。居民收集來的雨水，除了能洗衣、灌溉庭園之外，也可以淨化成為飲用水。

每一座集合式住宅社區或大樓，能以中水來沖馬桶、清潔公共區域或補充為消防用水，並適時補充地下水，也可以用自然的生物淨化方式來回收作為灌溉用水，提高水的循環使用率。鄰里間到處都有長滿食物與花草樹木的公園，生態水池兼具防洪及過濾等功能，池中有悠游的魚、水生昆蟲、多元的植物樣貌，以及停歇在植物上的蝶、蛾與蜻蜓……。

在這座永續城市裡，廢棄物是落伍的概念，生活用品都是清潔、低衝擊、低里程、低耗能，或是回收再製、再利用的素材，而且有一定的比例是在地生產、或回收重製而來；

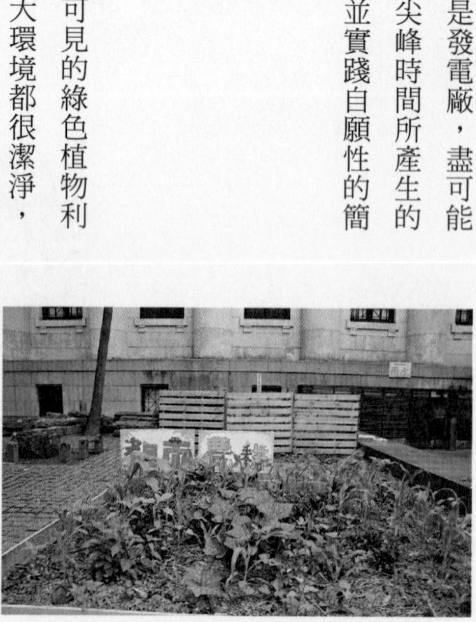

台灣博物館前的這一小塊空地本來是一個快閃游擊式農耕行動的標的，想不到後來館方不僅接受，還邀我們在隔年地球日舉辦都市農耕主題活動，展示雨水收集與社區堆肥。

任何曾有生命的「廢棄物」也都以堆肥處理，回歸大地。生活中所需的器材壞了，可以自己修復或容易地送修，不被強迫購買新的來取代，也不需再將科技廢棄物送到另一個國家去拆解、處理，不會傷害到他國人民的健康。

我心中的永續城市裡也沒有所謂弱勢的概念，每個族群的文化與價值都受到照顧與尊重；人與人的關係，建立在公平與正義的基礎上；工作的人得到應有的回饋、沒有人感覺到被壓榨、剝削或因為需要與人競爭而感到痛苦；城市中的人不再需要為了享有豐富的物資，而壓縮了其他人與生物的生存空間；人人有時間均衡地發展工作、興趣與手藝，滋養身心靈的健康。

每個人都有自己心中理想中的城市。作為一個樸門設計師，我對永續城市的想像，不僅是城市樣貌外觀的改變，更是價值觀與文化轉換的結果，是對生活的重新想像，也是一種新社會之夢。也許說是「夢」並不恰當，因為我相信它是一個可及的未來，而且已經在世界上某些地方悄悄發生，只是無法一蹴即成。

我們需要一些策略，帶著我們一步步地向前。而我的策略就是善用樸門永續設計，想盡辦法緊緊地抓住陽光、水、土壤，同時也要邀請兩位同盟：植物與眾人來幫忙！

屋頂是城市與天空的生態邊界，所有的好事都在此發生：陽光、雨水、累積土壤、鳥類駐足、蜜蜂授粉、蝙蝠捕蚊子等等。

城市轉型運動
就從你我開始

樸門是城市轉型的重要工具

二〇〇五年，英國的樸門永續設計推動者羅勃・霍普金斯（Rob Hopkins）憂心人類面臨產油頂峰期（peak oil，註）來臨，以及氣候變遷將引起骨牌效應的驅使下，以樸門永續設計的倫理與原則發想出一個「轉型城鎮運動」（Transition Town Movement）。他強調，即便人類即將面臨重大的危機與崩解，但卻可將此時此刻視為前所未有的轉變契機。

於是，轉型運動的推動者開始帶領著各社區、城鎮居民共同擬定「能源匱乏期行動方案」（Energy Descent Action Plan, EDAP），從教育、健康、經濟等方面的跨領域整合，來因應後碳時代的生活轉變。這個由下而上的行動方案，期待讓人們能夠透過「回歸在地（relocalization）」或稱「再地化」的草根行動，來扭轉世界的走向，是一個強調正面行動、慶祝式的全球運動。

「漸進式樸門永續設計」（rolling permaculture），指的就是在現有的架構上，逐步地運

註：

產油頂峰期（peak oil）意指全球的石油產量在現階段已達到頂峰，未來將持續往下降。

用樸門永續設計在城市進行改善。先從局部的設計開始，用時間來爭取足以進行總體規劃的條件。轉型期運動即是漸進式樸門永續設計所能發揮的舞台，而樸門永續設計則是人類社會轉型的重要工具。

雖然一座理想的永續城市需要由上而下與由下而上的雙向努力，但在本書當中，我要分享的是每個人與每個社區都可落實的永續生活行動，因為如果我們迫不及待想讓世界變好，那就先從自己開始吧！

1. 物資上（不見得人人需要）的錯覺式富裕感VS仰賴在地物資（人人用得上）的真實富裕。
2. 建築設計可以不斷地改進來滿足居住者與城市本身的需求。

綠生活提案 1 Permaculture

善用屋頂、陽台、畸零地生產食物

從墨立森提出樸門永續設計以來，就一直強調：「樸門是有意識地設計與維護一個具有農業生產力的人為生態系。」因此，樸門永續設計其中一項核心策略，就是將食物生產的系統重新帶回城市。

近年來，各地的轉型運動大力倡導在地飲食與在地經濟。在地飲食運動，是創造以在地為基礎、自我依賴的食物經濟，從生產、處理、分配與消費，都足以提升某一地方的經濟、環境與社會健康的整合系統。這個系統，包括社區農園、食品消費合作社、社區支持型農業、農夫市集、種子保存團體，它是永續發展運動的一部分，也是一種在地經濟模式。

城市人很少有機會「慎選」安頓自己的所在。因此，我們的住家跟辦公建築非常相似，有些人甚至不想有陽台，想盡辦法將陽台整修成為室內的一部分。於是，在大城市中放眼望去，只有公園、有限的庭園、暫時荒廢的畸零地……，這些點綴式的綠色空間而已。其實，陽台、屋頂、牆面與公園都是城市建物與自然界交接的邊界，它們可以是在地飲食運動的革命基地，也是生產食物的綠色工廠！

早在十多年前，加拿大溫哥華市中心的美景水畔飯店（The Fairmount Waterfront Hotel），就開始利用飯店屋頂所種植的香草、蔬果、蜂蜜來研發美食，並持續變化餐廳的菜單，每年至少省下一萬六千美金的食材支出。如果城市中有更多人取法，家家戶戶打開窗、或是走在巷弄間，就能夠採集到當季的青蔥、九層塔、絲瓜、百香果、香蕉、木瓜、葡萄、地瓜葉等蔬果，那麼，城市的風貌將會有怎麼樣的改變呢？

在城市種植食物，無論對個人與社會層次都有許多意義。它是促進身心健康的直接方法，讓大人小孩近距離接觸自然，治療城市人的心靈，把城市人從單一性、全球化的速食及塑膠文化中拯救出來。都市農耕行動也會引領人更關心環境品質。生產力高的城市農夫可以販售產物，也可以交換作物，強化社區之中人與人的關係。城市中的作物也在發揮收集陽光與保水功能，還能夠淨化空氣、為建築物防曬和隔熱，這些上天恩賜的空調設備完全採用無污染的設計，不好好善用它，實在沒道理！

城市人如果能夠重新學會生產部分食物，從消費者再次成為生產者，那就是漸進式樸門永續設計的大成功，是在地飲食運動的極致表現，也是為了能源匱乏期的未來做準備的重要方式之一。

未來，避免城市人口過度密集的方法或許是，規定每一棟大樓旁都要有一塊地用來生產大樓居民所需要的食物。

在城市中，居民自產食物最簡單的方法就是盆栽種植。中：陳玉子／攝

一轉型行動一

錦安里的城市游擊式農耕

要將食物的生產帶回城市，首先要學習的重要概念就是，負起創造與重建土壤、收集社區有機質，並維持這些有機質在地循環的責任。

為了讓理念化為行動，一個週六的下午，我帶著一群台北市錦安里的居民，在和平東路上進行了游擊式農耕的行動。我們鎖定的目標地點，是和平東路某地下道上方，一處類似滑板道的斜坡。這個空間從未被人使用過，但鳥兒早就知道這是播種的好地方，因為斜坡會累積城市中的落葉、塵土等有機質。接著，鳥兒會帶來種子，這地方就會長出繁茂的植物。植物死生循環的過程，會累積更多肥美的土壤，成了種植物的好所在。每次走過這樣的好地方，我心想，不用來好好耕種，實在可惜！

行動開始前，我向夥伴們說明，游擊式農耕不僅具有在城市生產食物的實質意義，也是一種對公共土地使用權的宣示與再思考：城市公共土地的使用方式究竟是誰可以決定的？是哪些人決定這裡只能種草皮、那裡只能種某種單一觀賞用植物？我們城市的景觀有沒有其他可能與面貌？……最後，我提醒大家，不要因為行動的規模很小，就不去實踐。

城市生產食物奪回生活主導權

我們用的種植方法也是厚土種植法（參見第一八六頁），在輕鬆地剪掉雜草，為植物準備好厚厚的「棉被」之後，大家利用簡單的工具，將塌塌米層撥開，挖出幾個小洞，並將小洞上方的瓦楞紙板再刺破，然後順手灑一把有機土，才將菜苗或樹苗種下。過幾個星期之後，這些小苗就會悄悄的長大，為我們收集陽光、雨水，以及更多的有機質。

在進行過程中，居民好奇的問：「平時的灌溉誰要來負責？」我請大家放心，如果大家仔細觀察會發現，這個地下道斜斜的花台，本身就可以收集可觀的雨水，而且我們還為植物蓋上了厚厚的覆蓋物，所以不太需要擔心維護與澆灌的問題。

人多好辦事，我們迅速地完成了這次的城市農耕游擊行動。過程中吸引了很多路人觀看與詢問。對我而言，這次行動重要的意義之一，就是要讓路過的居民看見他們可以參與社區營造的機會，也是重新看待公共設施的功能、奪回生活主導權的一種行動。

覆蓋物對游擊式農耕來說非常好用，特別是在很難澆水或不被允許種植的地方。

一轉型行動一

改造草皮種蔬菜

在現今的社會氣氛下，想要創造一個具有永續性的生活空間，需要有突破主流價值的勇氣。城市農夫的舞台除了閒置的花台、盆器之外，公園或路邊的草皮，更是許多城市農夫想要攻占的珍貴空間。

墨立森曾在一次電台訪問中，很直接了當地表示他很痛恨草坪。他認為每個人在潛意識中都厭惡草坪，因為世上許多人都成了草皮的奴隸。每個週末，在所謂的富裕國家，有數百萬人花掉珍貴的閒暇時間，推著浪費能源的除草機到處繞圈圈，為的只是一片幾近無生產力、耗水又景觀單調的綠地。

二〇一〇年初，大地旅人環境工作室受到亞太綠人大會籌備處的邀請，在大會舉辦的會場——天母的農訓協會，設計可食地景的示範點。在與場地工作人員討論後，我們選定會場入口的草皮做換膚行動。主要的概念是將很難照顧又耗水的韓國草皮，改造成兼具美感與生產力的景觀。

為了營造自然線條的美感，我們設計了波浪狀的長形種植區，並先將所有我們準備的當季菜苗及果樹苗，都先放置在草皮上，思考並討論哪些植物適合種在一起，並試著不時挪移位置。如同在鄉村，既使是城市的草皮與花台，我仍會強調植物社群的營造，在事半功倍的情況下，創造出植物之間的互助關係。從植物的熟成時間、日照需求、熟成高度（垂直層次）與植栽成熟時可能需要的空間大小（立體層次），以及每一種植物對微氣候條件的要求等等，都要在事前有全盤性的了解，以作為討論植物社

慧儀與社區大學的學員在羅斯福路三段的一塊綠地種植蔬菜香草，讓草皮更有生產力。

群在空間配置的基礎。

最後，我們在韓國草皮上種了至少三、四十種蔬菜：羅勒、茄子、萵苣、萬壽菊、鼠尾草、薄荷、迷迭香、青蔥等香草類植物，以及香蕉、金桔、木瓜等果樹苗。而為了讓慣於觀賞景觀植物的人接受，我們也在其中混種幾叢觀賞用的開花植物，另一個目的也是想吸引較多昆蟲前來授粉。

透過改變，引起話題與不同的思考

我們一直為被種下來的植物默默的打氣，希望他們能爭氣地長高、長大，讓對韓國草情有獨鍾的人願意接受這次的換膚行動，重新發現城市公園的新生命，以及另一種可能的生活景觀。

在一個社區環境當中，往往小小的改變就會引起話題，無形中就提供了教育民眾的機會。這次行動最大的回饋，就是附近的人路過，包括騎電動車經過的老婆婆、遛狗的年輕人、小朋友，都異口同聲的說：「草皮變漂亮了！」就連全身穿戴名牌的年輕男子，都湊過來好奇地問：「覆蓋的稻草，作用是什麼？」我們相信，城市人對這樣的行動是好奇的、會想了解，也有人渴望更貼近自然的環境，只是不知道從何處著手罷了。

墨立森認為草皮是最糟糕的園藝事業。每次有機會將草皮轉化為可食植物園，我們都很興奮！

除了城市閒置空間的農耕以及草皮換膚之外，在國外有人組織游擊式農耕隊，在城市裡製作與投擲種子球，希望藉此復興城市荒地，讓大自然決定種子球中哪些菜籽可以適應環境生存下來，而長大的菜苗或果樹，則可以慷慨分享給市民、弱勢者等需要食物的人。

綿延不盡的屋頂，等待我們去收集雨水。

綠生活提案 2 Permaculture

提升城市水源自主率

我聽過不少民眾說，我們不需要收集雨水，因為台灣的全球降雨量排名向來名列前茅。然而，許多人並不知道台灣被列為全球的缺水國家之一，分配到的人均雨水量僅達世界平均的六分之一。原因是，在先天條件上，台灣的溪流多短而急促；又因高度水泥化的開發模式，使得後天保水不力，雨水快速地流入大海。

水資源的匱乏，被聯合國列為最容易被忽略的環境危機。但城市便利的生活，容易讓人忽略水源得來不易的事實。台灣降雨量多，是老天給我們的寶貴機會，表示台灣有收集雨水的潛力。

從高樓往下看，會發現台灣到處都是鐵皮斜屋頂，目前這些鐵皮屋頂多半只扮演著遮陽或防漏水的角色。收集雨水，可以讓鐵皮屋頂發揮更多功能，降低暴雨時洪患的危險，也提升城市人的水源自主性。

我常想，當一座城市或整個國家，不再需要去淹沒可耕作農地、適合居住的用地、荒野土地，甚至不用讓原住民搬離安身立命之地，只為了建造長期來看會破壞生態系統的「大型水庫」，那將會是多麼美好的一番景象！

—轉型行動—

雨水回收桶省水又省電

近幾年，我在各地進行收集雨水的設計或教學，其中兩個雨水收集示範點分別是林務局管理的日式宿舍及社區中的油杉復育地。

首先，我們在日式宿舍大門屋頂上設計了小巧的綠屋頂，也設計了一個小型的雨水收集桶。下雨時，雨水會先灌溉大門頂上的植物，過多的水則被收集到雨水桶中，提供平時澆灌與清洗之用。這套系統有兩個水龍頭，一個在宿舍內側供住民使用，另一個則在圍牆外側，供路過的一般民眾清洗腳踏車輪的泥濘或必要時洗手等等。

公園也往往有極大的潛力來收集雨水。在錦安里，有一座小公園空地被保留作為油杉保育地。油杉是一種冰河時期留下來的物種，從日據時代就栽種在錦安里台灣大學日式宿舍的周邊。台北市油杉社區發展協會的志工，為了照顧樹苗，得要定期澆水，但由於水壓不穩定，澆灌起來多少有點不方便。得知社區的需求後，我們在油杉復育地上設計了兩噸的雨水回收桶，收集圍牆外鄰家鐵皮屋頂上的雨水。如此一來，志工可以減少使用馬達打上來的自來水，省水又省電。

我的設計概念是，在兩座分開的屋頂中間設置儲水桶，讓收集量達到最大。另外，由於我們被告知最好不要碰觸到圍牆外住戶的任何設施或屋頂，因此集水管是架設在木造支架上，而這些支架則依附在林務局空地的圍牆上。另外，在兩噸儲水桶上方，以廢輪胎設計了一個過濾網，防止一些雜物落入。

兩噸的雨水回收系統完成後，順利地提供林務局澆灌空地上的植物使用。為了發揮最高的效益，雨水桶還用數個大輪胎墊高，如此就不需要另外加裝馬達，因為重力自然就會讓水流洩出來，澆水時可以把水管放在一棵樹旁約一分鐘，同時間可以動手修剪附近雜草，待雜草整理完之後，再把水管輕輕拉移到下一棵樹。一滴水都不浪費。如此一來，志工將能在同樣的時間內完成澆灌與除草兩項工作，發揮最大的能源效益。

雨水收集是人人都可以做到的事。嫌雨水桶不好看嗎？經過稍加修飾，就可以讓更多人接受它的存在。

樸門小百科

雨水回收DIY

收集雨水並不難，主要考量因素如下：

一、在下雨時，觀察家裡有哪些地方的降雨會直接滴到地面，這些水往往是最容易收集的。

二、計算可收集的雨水量，如果是在屋頂收集雨水，通常是屋頂面積 × 年降雨量 × 八〇%。

三、依據可收集的水量，來決定雨水桶容量、數量與放置位置。

四、設計滿水時的洩水方法，例如引至另一桶，或澆灌盆栽。

五、為雨水桶做一個網蓋來防蚊，並在桶子下方裝上水龍頭，就很好使用了！

用零廢棄概念創造新資源

綠生活提案 3 Permaculture

轉型行動

利用舊建材，也是回收能源好方法

一般人判斷某項物品節能或耗能的標準，通常只會問會用掉多少電力。事實上，即使該項物品不需要用電，但在生產製造與廢棄的過程中，都需要耗掉大量的能源才能夠到達消費者的手上。

現代建築多半具有高污染、高排碳、高耗能的特質。據統計，台灣建築產業相關之二氧化碳排放比例，約占全國總排放量的二十八・八％，其中建材生產能源占九・三一％，住宅使用占十一・八八％，營建運輸占一・四九％。由此可見，人類為了要有一間自己的所在，不僅需要付出金錢，更要付出環境的代價。每棟建築的一磚一瓦背後，都隱藏著看不見的能源消耗，因此利用舊建材、二手資源，以及使用當地的泥土，也是一種回收能源的方法。

我的許多台灣朋友，這十多年來都已經知道我是個愛撿不愛丟的人。每當有人要丟東西，總會先通知我去尋寶。走在路上，我也總是打開雷達，搜尋可以再利用的二手物資，包括木料、可用的鐵釘、玻璃、浴缸、乒乓球桌、檜木澡盆、置物架、櫃子、植物、花器等等都不放過，還有我十年前撿的植物，有些至今也都還活著。

許多時候，撿來的東西不見得會馬上用到，但因為我喜歡動手做，所以這些被丟在路邊的東西，總有一天會幫上我的忙。確實，這十年來我已經用在路邊撿的材料製作了大大小小的東西，包括十年前的第一個太陽能鍋、工作桌、床、堆肥箱、陽台上提供

博仲法律事務所屋頂生態園的一景。

植物攀爬的格柵、路邊花台等等。這些物資，幫我省錢、省下地球資源。當我需要材料時，它們就在身邊，也省去我外出採購的時間。

二〇〇六年，我在設計博仲法律事務所屋頂生態園的時候，在案主文魯彬先生的支持下，當初的設計重點之一，是從原料、製造、運送、使用、廢棄、處理等生命周期來看待能源，這也使得該設計跟一般的屋頂花園大不相同。

我們的目標之一，是盡量減少購買新的物資，例如塑膠花器。為了利用低環境負擔，以及無毒的、二手仍堪用的材料，我花相當多的時間尋覓適當的材料，而且要確保承包工程的廠商也能依照我們的要求去做，就更馬虎不得。例如施工的包商雖然知道我們指定無毒的二手建材，運來的卻是在歐美與日本早就被禁止使用的防腐木料。退貨與重新進貨，都涉及吊車的租用、可能阻礙交通等細節，都是意料之外的小插曲。

我從那次的經驗發現，單純從經費角度來看，使用二手建材並不見得比較便宜，因為二手建材通常需要較長的收集時間，而且需經過修繕處理，還要能夠發揮創意使其真能發揮功能。然而，如果從所有物資的生命週期來看，使用二手與回收材料不但省去回收再製所要消耗的能源，延長物資的壽命也能夠降低污染，從整體地球環境與污染造成的社會成本角度來看，二手與回收建材才是真正的經濟。換言之，源頭減量及延伸物品的使用壽命，持續再使用到真的不堪使用為止，還是比起回收再製來得省能。

綠生活提案 4 Permaculture

漸進營造循環型的大樓與集合式住宅

試想，城市高樓使用的電力從何而來？如果你是住在六樓以上的居民，願意每天走樓梯上下樓嗎？沖馬桶的水是從哪裡來？每沖一次馬桶又要用掉多少電力來抽水？生產這些電力，以及把水、食物、資訊媒體等服務送到家中的管線，又會消耗多少能源？……

城市高樓不但高耗能，還無法滿足人類需要的活動空間。高樓的門戶管理、社區居民的溝通、用水用電和飲食等重要的生活層面，都高度仰賴外來的資源，如同一座不斷需要空投資源才能存活下來的島嶼。從這個角度去思考，就會清楚地知道城市中的集合式住宅與大樓都是相當脆弱的。

想像一下，如果你只能運用社區大門內的空間（可能是中庭花園或屋頂）與資源過生活，你的社區大樓能夠支持你多久？從這個問題開始發想，你就會知道一座具有生產力的集合式社區有多重要了！

屋頂生態園的功能超越你的想像，不僅可以生產食物，還可以復育植物、收集種子等。邱雅婷／攝

—轉型行動—
師大環教所、博仲法律事務所的屋頂農園和生態園

屋頂可以是都市人珍貴的休閒空間。

徹底改造既有集合式住宅或大樓，使其自給自足，做到全然資源循環，並不是容易達到的任務。但是，每做一個改變，都讓我們更接近自力更生、更有韌性的生活。過去，我有機會以樸門永續設計的原則，設計或參與幾個企業與學校的生態屋頂。其中包括參加了台灣師範大學環境教育研究所屋頂農園的師生參與式設計，以及博仲法律事務所的屋頂生態園的設計與起造。兩個案例的規模與操作模式不同，我的參與深度也不同，但在我眼中都是符合漸進式樸門永續設計的行動。

這兩個案例的設計重點，就是試圖在一棟城市建築當中，創造資源循環型的系統。兩個基地都是常見的水泥屋頂，白天不斷吸收熱能，晚上持續散熱，而且空蕩蕩的，偶爾有一小群鳥會停駐休息，或是只有抽菸的人才會光臨的地方。

透過屋頂營造的方案與機會，這兩個基地都各自有了不斷再生的新生命，至今也都是多功能、生機盎然的生態系統，不但富有教育意義，還兼具休憩的功能。它們體現了樸門永續設計的一個重要原則，那就是「應用邊界生態」。而兩座屋頂本身都具備了生產食物、降溫、生態棲地，因此也呈現了「每個元素產生多種功能」的設計原則。

師大環教所屋頂上設置的太陽能烹飪、太陽能光電、風力發電，以及博仲法律事務所的廚餘堆肥、堆肥廁所，這些都是「收集與使用在地能源」的案例。屋頂上的雨水收集系統，也應用「整合相對位置」、「使用與珍惜可再生資源的服務」的原則。

另外，師大環教所屋頂上一畦畦提供社區及師生認養的小菜圃，連結城市人與自然的

關係，也縮短食物與消費者距離，展現了「有效率的能源規劃」。對種植者來說，多元的食物來源也發揮了「重要功能由許多元素來提供」的原則。

這兩個城市水泥屋頂重新改造之後，都各自發揮了收集陽光、水、土、植物與人這五項在城市中長久被忽視的重要元素，並且這些元素也被重新建構了彼此的關係。也就是說，屋頂上所運用的技術小巧但齊備，而且都來自眾多設計策略與原則的應用；更重要的是，提高了兩個基地能源與資源的自主性。

你也想要來個屋頂革命計畫嗎？不妨利用搭電梯、倒垃圾的時間，與鄰居分享你的屋頂革命想法以及能為社區帶來的好處。先找到幾位有興趣的人一起合作籌劃，接下來，就動手寫出屋頂革命的願景、觀察心得、設計規劃（當然，包括對建築結構、防漏等基礎資料的評估）等等，待完成紙上談兵階段之後，就向其他鄰居或管委會提案。屋頂革命願景提案過關，就是成功的開始！別害怕做錯，去做就對了！

只要透過多層次的植物社群設計，屋頂農園可以跟一般農園一樣具有生產力！Ariana Pfennigdorf／攝

攀藤植物對每個城市來說都很重要，它們提供遮陽，且所需的土壤量很小效益卻很大。

陳玉子／攝

—轉型行動—
打造循環型屋頂的重要步驟

每次的設計過程，是由願景、規劃、執行、調整的學習過程所組成，在此我以博仲法律事務所的經驗，提供一些重要步驟與小叮嚀：

步驟一：發現問題並形成願景

博仲法律事務所位於台北市中心某大樓的十二樓與十三樓，加上原來的設計未考慮到通風與遮陽，夏天讓人特別難熬，而且需要耗費相當高的電力來緩解悶熱的問題。案主文魯彬先生邀請我與事務所的綠色小組合作，希望能透過建造屋頂生態園來降低室內溫度，也讓屋頂轉變成更具生產力、更涼爽的所在。

步驟二：觀察環境特性

著手設計前，我經常獨自一人，選擇不同的時間到屋頂上觀察基地自然條件，了解高樓屋頂的特性，特別是風向、日照等等。運用觀察的資料，來做為設計的參考依據。

步驟三：了解使用者需求

案主希望能讓員工對屋頂生態園有擁有感，不再只是抽菸的員工才會去的地方，因此這次的合作案從與員工溝通、了解需求與願景、與房東溝通，花了很長的一段時間。員工的需求是什麼？他們對屋頂的想像，是要種菜、喝茶、收集雨水、處理廚餘、製造土壤、練瑜伽、打太極、開發太陽能源、風力發電……。

步驟四：考量基地條件來設計

高樓屋頂農園與一般農園有著相當不同的微氣候條件，包括日射量大、風強、水分蒸發速率高等等。在設計上，會有比較大的挑戰，舉凡植物的挑選、各種設施要如何抵擋強風，尤其是颱風的侵襲等等，都是設計時的重點。為了營造比較濕潤的屋頂環境，我設計了水池來調節微氣候。水池完成數個月後，事務所員工曾發現白鷺鷥駐足，也許小小的水池，對城市飛鳥而言，成了他們在鋼筋叢林中的休息站。

此外，考量到高樓屋頂的空間有限，設計重點側重於讓基地中所有的元素都能相互支持，並透過設計發揮多重功能來達到資源循環的目標。例如，堆肥廁所的珍貴產物——人的排泄物，如何用最簡便又安全的方法直接在屋頂上分解，之後成為屋頂可用的肥料等等。因此，願景與目標雖然可以很天馬行空，但設計很可能會受到空間的侷限而必須調整。

步驟五：後續維護及教育使用者，跟設計建造一樣重要

幾次的設計經驗告訴我，每座屋頂生態園的設計，除了要因應在地的條件之外，設計、發包、施工，以及後續技術轉移、培訓管理人員等歷程都是整體工作的一部分。尤其，後續維護的人力，使用者的教育，與設計建置歷程一樣重要。

舉例來說，二手或無毒防腐的回收建材，勢必比起市面上用各種化學防腐的材料來得

脆弱。因此，國際間推動自然建築的大師伊安特・艾惟斯（Ianto Evans）就強調，我們必須接受，較為健康自然的建材勢必會隨著時間日漸衰敗的事實。

我也常聽到許多人說，希望能有一座不會產生落葉，也不需要維護的屋頂花園。但這種想要營造自然環境卻又不要讓自然現象發生的願望，是不可能達到的。因此，前述這些觀念需要被考量、傳達與理解；同時，使用者與維護者也都要認同這個空間的價值與意義，才會願意思考如何經營出一座兼具節能、生態效益，以及提供身心舒展空間的屋頂生態園。

大地旅人成員玉子很勇敢地在十六樓屋頂上養雞，還孵育出第二代小雞。陳玉子／攝

人與人的關係可以更緊密。劉德輔／攝

綠生活提案 5 Permaculture

用合作編織城市生活的無形網絡

除了外在有形的改變，事實上，一座城市能否因應各種挑戰，無形的社會網絡是否強韌，更是城市能否可持續發展的關鍵。只可惜，人們在談論發展的時候，想到的往往是硬體的、量化的「開發」，而非追求質性的「發展」。

非洲的部落長久流傳著一句值得省思的話：「孩子的教育，需要整個部落來協助。」（It takes a whole village to raise a child.）也就是說，在部落或社區當中，孩子是每個人的孩子，而父母是每個成員的父母。所有的成員相互照顧、分享資源，藉由合作編織一張具有韌性的社區網絡，讓彼此的生活更有安全感。

我們常說，孩子是我們的未來，因此這句話更深遠的意義是，有健全的社區，我們才會有健康可持續的未來。

反觀現代社會，鄰居之間互不相識的現象，成了理所當然的事情。花錢請一個陌生人來照顧我們年邁的父母和孩子，似乎也變得習以為常。

在這主流社會的邏輯中，人們總是說，賺錢是為了讓我們的家人獲得幸福的生活。但是，青壯年世代把時間與生命用在自己不見得喜愛的工作上，往往轉瞬間父母年邁、孩子也長大了。

我們為了金錢，卻失去了與最親密的人相處的寶貴時間，也從沒有時間認識我們的鄰居。而且我們總以為，沒有金錢，我們的社區似乎就無法完成任何事情。

一轉型行動一

社區合力造窯 一起玩泥巴

在台灣，公寓生活的空間相當小，而且大部分人長時間就生活在侷促的一間間水泥小格子當中，因此社區中是否有足夠且對居民友善的公共空間，就變得更加重要。公共空間能夠延伸居民的生活領域，是促進人與人交流的關鍵所在。我們社區的合力造窯行動，就是一個居民用合作共創友善空間的例子。

造窯的構想初步形成後，社區一處工地恰好堆滿了棄置土。我先拿一些土做了點試驗，發現黏度恰好。基座用的石頭、木屑等其他材料，也都是社區不遠處蒐集而來的。當大夥把材料都備齊後，自然建築初體驗就在孩子愛玩泥巴的天性中展開了！

為了讓手造窯不受風吹雨淋，負責照顧社區花木的南吉與太太Savi一家人，拿出原住民天生的好手藝，為剛剛起造的窯搭起茅草屋頂。這座窯從打造基座到完成，歷經風雨，都是在這茅草屋頂的庇護下長大！

這座窯是用自然建築的手法，運用粘土、砂、稻草等素材建造而成。最值得推動的原因之一，就是自己動手做，能保證不會因為自己的需求而剝削地球或其他生物的資源，也不會製造污染、廢棄物。

對社區而言，這個造窯行動是個合作與自我培養的過程。吸引人之處在於無論男女老少，只要不怕玩泥巴，都能夠參與，而且人們可以找回失去已久的手造能力。在整個起造過程中，我發現孩子是最盡責、卻也最快樂開心的小童工。有的小朋友整天幫忙篩土都不喊累，有的小朋友最愛在泥漿裡面像農村中的小牛一樣踏來踏去。他們不需要到大賣場、速食店的遊樂區，就會覺得好好玩。在公園中走動散步的老奶奶，也總會在手造窯前為大家加油鼓勵。

這一座窯很幸運地有純真的孩童與智慧的長者為它加持，我深深感覺這是一座充滿靈性的窯，也是現代人可以紓解工作壓力的好機會，根本不需要花錢去做心理諮商。

手造窯完成後更為社區帶來正面感染力，曾經一位社區媽媽跟我說：「有這座窯真好！它讓社區更活絡、更熱鬧了！」是的，它似乎成了孩子的沙堆，大人最愛的新玩具，也成為社區共學團體經常使用的親子互動廚房。

從樸門永續設計的角度與觀點來看，一座品質高的好窯，能在運用少量能源的情況下，烹煮大量的食物，很適合社區共享，且符合了使用在地能源與資源的原則，它也像一條無形的線，將使用它的人串在一起。

樸門小百科

啟動小而美的照護、共學行動

我居住的社區，有一個由年輕媽媽所組成的親子共學團體，成員們一起討論孩子的教育理念與學習內涵，共同負起教育孩子的責任。他們會一起討論某個孩子的成長，幫助每一對親子共同度過教育孩子的挑戰與瓶頸，甚至在成員的家庭出現問題時，成員間也能適時相互支持。對我而言，現代社會最缺乏的就是親密網絡關係的建立，希望有更多人以合作而非仰賴金錢，共同營造「小而美」的無形社區力量。

社區合力建造與使用土窯的過程，將鄰居更緊密地連結在一起，也提升了大家善用在地資源（土壤、水、食物、建材、經驗、烘培技巧等）的意識。

一轉型行動一

居住型合作社宛如城市大宅院

讀大學時，我的宿舍旁就有一所由學生組成的居住型合作社。我雖非成員，但偶爾會與他們共進晚餐。它的概念類似生態社區，但在硬體上通常僅由一兩棟房子所組成。它是反思現代生活的一種集體合作行動。

現在，在倫敦、紐約、舊金山等世界大小城市也有一群群男女老少齊心改造舊建築，組成非學生住宿的居住型合作社。在這樣的社群中，每個家庭以會員的方式加入。家家都擁有自己的住家空間，但也與其他成員共同分享工具、廚房、餐廳以及起居空間。所有的勞務，包括烹飪、清理廚房等都以輪流的方式共同分攤。

成員會定期開會討論合作社的經營管理，共同發想願景、解決問題。他們也往往擁有自己的社區農園，自己生產食物，或者是某社區支持農業系統的支持者。城市中的居住型合作社，因公共運輸便利，得以降低對化石燃料的使用量，很可能僅擁有一、兩輛公共車輛，提供租借使用，不需要人人都有一輛汽車。如果所處的城市有自己的城市貨幣，社員也通常都是大力支持者。

這群人常會聚集在一起，表示他們對社會擁有共同的理念與夢想，因此也經常是環境、社會、經濟與文化教育等議題的倡議者，是引領新社會夢想的中堅。此外，居住型合作社讓個人主義盛行的西方社會有了三代同堂的可能性，祖父母輩的成員因為孩童的陪伴而提升了生活樂趣，孩童也有機會向長者學習傳統智慧與技能。

我認為無論共學、社區共同營造環境，以及居住型合作社的行動，都足以解決許多現代社會問題，是值得讚賞與推動的生活模式。衷心希望這些好案例可以多如百花齊放，因為我們知道，在一個關係親密、友善的社區中，我們的孩子將會安全地長大，我們的父母都可以安養天年。

在一個關係親密、友善的社區中，我們的孩子將會安全地長大，我們的父母都可以安養天年。賴吉仁／攝

從「小」開始

——自願性的行動是成功關鍵

「家」是最容易掌握與改變的地方

前面分享幾個城市轉型生活提案與具體行動方案之後，我要再次提出墨立森強調的觀念，他認為「家」是我們最容易掌握，最能夠有效改變的地方。因此，營造永續生活的行動，並不嫌小。自己的家或社區，就是一個最容易引領我們走向自力更生的起點。

營造自己的社區，成功關鍵不在於經費，因為無形的建設很難用金錢換得。幾年前，慧儀和社區鄰居臨時起意，說要在社區的小溪旁舉辦石頭湯年終活動。一吆喝，幾位熱心的鄰居與管委會夥伴就張羅了幾個大鍋子，社區園丁拿出收集已久的木頭，就在溪邊升起大火，每個來參加的居民只要拿出冰箱中的一兩樣食材，丟進湯裡，就煮出了幾大鍋讓每個身體、心裡都暖呼呼的熱湯，餵飽了所有在場的人。大人小孩一邊喝湯，一邊圍著火堆跳舞。

這個活動前後來了近兩百人，每個人都帶著自己的碗筷，沒有花上幾百元，也沒有留下一張垃圾。改變社區的行動也可以循這樣的模式，你出一天工，我出幾碗茶，大家合力

石頭湯是法國民間故事，述說三個和尚如何以烹煮石頭湯，用「分享」重新連結疏離的小村居民，為彼此帶來溫暖與幸福感。只要透過巧思與合作，即使沒有經費，社區也可能成就許多美事。賴吉仁／攝

完成工作，也可能成就許多美事。

許多前所未有的改變，都是從居民自發的行動開始，政府才跟著人民改變。美國奧瑞岡州波特蘭市發起的城市修復（City Repair）運動，就是由一群市井小民，以及樸門實踐者發起，從彩繪車水馬龍的十字路口開始，以具體行動來營造對社區每個成員都安全的公共區域。原本被當地政府視為違法的行動，最後成為政府也支持的運動。這個城市修復運動已經如同燎原之火，影響各大城市的無數居民起而效法。

人是改善社區環境最大的資源

這幾年來，當我有機會向城市居民分享樸門永續設計時，也會將行動主軸放在居民的「家」，希望讓所有的參加者都有信心能改變自己的環境。

第一步就是學習從不同角度看社區。我發現，一般人走路時，往往低著頭或者只是往前看，很少用不同的角度去認識自己居住的所在。我會邀請大家一起逛逛社區，抬頭看看陽台、街角、社區的天際線，從這裡引發大家想改造社區的動機，開始討論對永續社區的想像。

此外，人際之間的情感與互動關係往往牽動整個營造工作的成敗，這當然也是漸進式樸門永續設計能否成功最關鍵的因素之一。因此，我相當強調參與者的交流與互助，並要

無消費日活動中，一位老先生與人交換磨刀服務。

2003年在台北天母舉辦的無消費日以物易物活動。

求居民都要回家動手設計自己的家，因為自願性的行動才能產生責任感與成就感。

在每個人動手前，我會先邀請大家分享自己的構思與創意。藉由交流，一起重新認識自己的社區，也透過鄰家的參訪，社區居民知道彼此之間是有相互的需求與協助的機會。在社區中，「人」往往是最大的資源，往後他們都可能要仰賴彼此的幫助。

一張無形的社區網絡在每次的見面與共同學習機會中漸漸地生成，大家一步步改善自己環境的行動，這是漸進式樸門永續設計的精神，也反應出個人與家庭可以透過自願性的行動，來因應並改善全球環境問題所引起的效應。

對人類社會來說，聰明設計的關鍵點與自然生態系的特性一樣：整合、多元以及相互依存關係。

從當下開始！

改造自家和社區，從兩張圖開始！

樸門永續設計可以應用在各種文化背景與氣候區，無論你的基地條件如何，都可以從當下開始！如同前面幾章不斷強調的，觀察與互動是樸門永續設計當中首要的原則，也是行動前的必要程序，所以我把它稱為「行動方案零」。在城市，「行動方案零」的初步產出就是扇形分析圖和社區職業地圖。有了這兩張圖，將幫助我們擬定許多周詳且有效率的計畫，以重新設計自家及社區，成為邁向永續的居所。

扇形分析圖＋社區職業地圖，能激發出好點子

製作扇形分析圖時（參考第一七二頁），除了標註明顯的災害威脅之外，我們必須認清自己已經處在長期而慢性的災害之中，全球暖化引起的氣候異常將持續影響我們的生活；而全球糧食危機、能源及資源日漸耗竭，使得物資更加昂貴等種種現象，都將使未來都市人的生活面臨更多挑戰。所以，要同時觀察評估短期和長期可能面臨的種種危機，我們的家及社區可能會有哪些需求，又該如何因應？因此，在觀察與製作扇形分析圖之際，問自己幾個問題，並試著將所想到的任何想法寫下來。

一、在家中或社區如何善加利用陽光？（例如光線、能源）

二、如何提升家庭或社區對水資源的自主性？

三、如何在家中及社區重建土壤？

四、如何引進更多植物來為我們的家或社區服務？

五、有什麼潛在的短中長期災害可能威脅我們的社區？可以如何預防？

六、當災害來臨的時候，自己的家與社區會有什麼影響？

七、需要哪些資源以及生存技能來因應可能的災害或危機？

八、如何一步步讓你的家及社區邁向自給自足？

此外，面對未來生活挑戰，另一件可以立即開始做的工作，就是每個社區都應該透過調查訪問，製作一張職業地圖，將社區步行或騎自行車可抵達的區域內，各行各業甚至居民的專長都做調查，未來在能源日益昂貴的日子裡，社區鄰里之間很容易知道方圓五至十公里內，有哪些人可以互相提供日常生活所需的服務，無需東奔西跑、疲於奔命，你會發現，我們與鄰居之間的交集比想像中大，許多事情我們不需要大費周章才能完成。

我相信，在製作扇形分析圖和社區職業地圖，並試圖回答以上幾個問題的時候，你已經走在重新設計生活的方向上，而且可能有無數個具有創意與可執行的行動好點子，在腦海中竄過來、飛過去。此刻，從最容易著手的小事情開始，建立一些成就感，你會發現，奪回生活的自主權，一點一滴建立家及社區對災害的免疫力與韌性，並不困難！

我哥哥與鄰居幫我一起把我們公寓路旁的破碎水泥地敲開，營造了一個小園圃。都市需要更多可以生產食物、收集水與陽光的地方。

讓城市也成為永續樂土

除了我分享的案例之外，在台灣各地都可以看到愈來愈多符合樸門永續設計倫理與原則的小行動，值得大家仿效並推廣至全國。我們現在需要的是，讓更多關鍵人士，也就是農人、地主、城市居民、規劃者、教育工作者、政府人員，體認到連結這些多元適切的永續作法與城市全系統設計的重要性。這不但能提升城市土地的價值，也強化城市環境和整個社會對於災害的因應能力與韌性。

我想，一個足以面對未來挑戰的社區，即便沒有新穎的硬體外貌，卻會是一個生生不息的城市有機體。所有的資源都在這座城市當中生滅、循環。這樣的一個城市樣貌與實踐行動中，需要扭轉思維，也需要我們謹記著一個理念：城市規劃並不只是建築師和城市設計師的責任，每一個人都應該意識到我們的周遭環境，並且開始採取行動。

改變的動力：尊重、互助、互惠、互賴

墨立森曾說，「我們已經失去健康、潔淨的地球，此刻人類最迫切要做的是修復、養護

2009年台灣博物館前的地球日活動的「香蕉圈」。香蕉圈是可以同時種植香蕉、創造土壤、處理有機廢棄物以及保水的一種方法。每一座城市公園都應該有一座香蕉圈！

全球生物與人類生存的環境。」

五十年後，甚至兩百年後，我們大家共同的孩子，會在什麼樣的環境下奔跑？會過著什麼樣的生活？風吹起來的感覺如何？空氣是否清新？遠山是綠意盎然還是一片黃沙？人類會使用什麼樣的能源？什麼樣的工具？我們的孩子、人與人之間會是在更大、更擁擠的城市中像螞蟻般地穿梭，雖然有身體上的碰觸，但在心靈上卻比現在更疏離？還是回到從前以社區為依歸，過著彼此照應、互助的生活，而迎面走來的陌生人會對你相視微笑，還是不吝惜給你一個溫暖的擁抱？

當我們想清楚了對未來社會的願景，或更清楚自己的追求之後，也許會發現，要解決人類自己所導致的種種問題時，重要的不只是行動的技術。技術並不困難，事實上，人與人以及人與其他生物之間相互尊重、互助、互惠與互賴的關係，才是驅動社會轉型的主力。

「改變世界，從自己開始！」（Be the change you wish to see in the world！）每個人都能夠以自己的力量與創意，加入轉型運動的行列。你就是台灣能否轉型成為永續社會的關鍵人物！

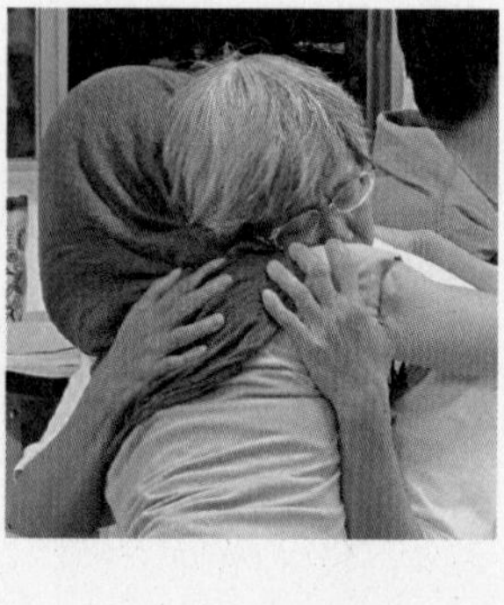

附錄

樸門分享

一個人的力量

樸門心得分享之一

善用舊材料的創意改造專家

／台北市的榮燦

平常我就愛在家裡做一些改造。由於我的改造幾乎不花錢，而且容易維護修復，大地旅人環境工作室的朋友稱讚說，這才是真正的適切技術！

我家住在公寓的一樓，擁有一間坪數不小的車庫，為了讓車庫在白天不需要開燈，我將其中一片鐵皮屋頂改為透明波浪板。我還用ＤＩＹ手法自製曬衣桿，裝置了滑輪，方便升降使用，而且巧妙地放置在透明屋頂的正下方，太陽很容易就能烘乾衣服。我還把瓦楞紙做的遮陽板也裝上了滑輪，夏天陽光太強烈時，就能很輕易地把瓦楞紙遮陽板滑到透明波浪板下，避免太陽直射。

另外，我在大地旅人生態社區課程的改造作業中，還動手做了雨水收集系統、回收磚頭做的花台、堆肥與遮蔭植物。其中，回收磚頭做的花台讓我很得意，材料也不花一毛錢，因為我家後面有一道廢棄的舊牆，可供應源源不絕的磚塊。我一次只拿一塊磚頭，並小心翼翼地保留下水泥和沙子，可以提供未來使用。我利用這些磚頭在家門前的街角，創造了一座小花台。這個綠化行動美化了外牆，讓原本不起眼的街角生意盎然。花台雖小，但多一棵植物就多了都市保水的功能，多吸收了一點點陽光能量，也多了一些些小水氣回到天空，加入水循環的行列，讓我很開心。

榮燦沿著波浪板裝設了雨水收集管，還用回收的磚頭作了美麗的街角花台。

樸門心得分享之二

只要有心，處處都是耕地

／台北縣的泰迪

我一直想擁有一塊土地，有自己蓋的溫暖小木屋，周圍青草如茵、水草豐美，有可愛又充滿靈性的動物，就像電影裡面的那樣。但是，生活在人口密度那麼高的台灣，我缺乏親近自然的能力，不知道如何觀察植物，在我眼中土就是土，分辨不出這是充滿能量的土壤，還是死氣沉沉的土壤。

於是，「都市雞」想成為農夫的偉大夢想，藏在深深的心裡，講出來只會被人尋開心而已。「當農夫很辛苦ㄟ，你不行啦！」

直到學了樸門，我終於了解原來當農夫不一定得先有農場，只要有心，處處都是耕地，我們可以利用陽台、院子當一個城市農夫，用廚餘製作堆肥改善盆栽裡的土壤，我們也可以收集雨水、家庭污水，做為院子裡的灌溉用水，雖然是住在城市裡，同樣也可以活得更自然。

現在我家院子裡，有當做廚餘埋進土裡，後來卻成長茁壯的四棵木瓜樹，木瓜樹下是地瓜葉和椿象、攀木蜥蜴的家，吃也吃不完的九層塔是敦親睦鄰的好東西，珍貴的絲瓜和玉米長得雖然不怎麼美觀，但那都是我們用「噴一」（餵水）養大的！

樸門永續設計似乎是針對我這種從小讀書太多的大頭症患者設計的，大頭症的特色是頭腦想很多，四肢動很少，對每件事情都講得頭頭是道，但是手拙、行動力不佳，因此面對需要腳踏實地的土壤，完全不知道如何著手。

樸門的學習適時給了我引導，它用大頭症患者習慣的讀書方式，深入淺出的將理論與實務美妙結合，讓我的頭腦能了解整體的概念，而雙手也願意開始行動，最棒的是許多作法實際而有用，在短時間之內就可以看到效果。

雖然到目前為止，除了地瓜葉之外，其他我所種植的蔬菜都捐給昆蟲界了，但能夠種菜給別人享用，以及透過長時間觀察與體會到自然中能量的流動，已經拉近了我與土地的距離，即便我住在台北。

泰迪比較喜歡可食的水泥叢林。張泰迪／攝

樸門心得分享之三

農場生態平衡，成果人人驚豔

／台南縣的妙妃

學習樸門永續設計專業基礎課程後，讓我對周邊事物的看法變得寬廣許多。其原則簡單，但應用很廣，每個人都可用來改變自己的生活環境。這裡分享一些我個人的經驗。

我的農場原本是慣行農作的芒果園，一百棵的芒果樹有一、二十年了，但前任地主賣地時也把果樹枝幹賣給了養菇資材製造場，果樹只剩半公尺高，而且被螞蟻、蛀蟲等腐蝕占據。當初開闢農場時，眾多聲音說應該把果樹全部挖掉，整地後再重新種植新品種。但是我的腦袋想著「問題可能是轉機」，這也是學習樸門時最深的體會。所以力排眾議，盡量把每棵果樹都留下來，修枝整形讓其生長壯大，結果讓「系統中每個元素能產生多種功能」這原則發揮得淋漓盡致，讓我的農場生態平衡提早了好幾年。

這些芒果樹在農場裡提供的功能不計其數。它們遮陽、擋風擋雨、防止土壤流失、穩固土地、提高水位、淨化空氣、調節溫度與濕度、鎖住二氧化碳、供應鳥類及其他大小動物棲息處、遮掩效果提供生活隱私、讓豆類瓜果攀爬、當成柱子使用、樹葉和細枝條可做成堆肥及覆蓋土表、半粗枝條可當成花圃圍籬、更粗的枝幹可以種黑木耳、枝條曬乾可當材火及開營火會、樹蔭下可掛花盆種蘭花，其他像是晾衣服、掛吊床睡午覺等等，列表還在增加中。除此之外，芒果樹在六月的時候，也提供了甜美多汁的愛文芒果。

二〇〇九年初，農場裡的芒果樹只有半公尺高，被螞蟻、蛀蟲等腐蝕占據。（左圖）

二〇一〇年初，芒果樹在農場裡提供的功能不計其數，包括遮陽、供應野生動物棲息處、讓豆類瓜果攀爬、掛吊床睡午覺等等。樹梢可看到芒果樹開始開花了。（右圖）周妙妃／攝

樸門心得分享之四

向自然學習，追求更整合的生命

／台北縣的珮君

我是一個舞蹈工作者及瑜伽老師，二〇〇九年完成了樸門永續設計的初階設計課程。我還記得自己在報名書中的自傳寫著：「……愈是深刻地體驗內在的宇宙，愈是了解與萬物、與他人的連結，以及內外環境的不可分割。」我當時心想，如果自己追求的是一個更有意識、更整合的生命，我必得把對內在身心的探索往外延伸到周遭的環境。

樸門帶給我的，是去體驗和解讀外在環境的實用工具。藉著反覆觀察、思索、操作、修正，向「自然」學習，而理解到「自然」，不只存在於綠草如茵的深山幽谷中，個人食衣住行的每個環節，也都要遵循著自然的法則。樸門也帶來一種更寬廣靈活的視角，以及更浪漫的相信，沒有土地，照樣可以實踐樸門的理念，即使在一小方陽台空間裡，以回收的雨水澆灌幾株充滿香氣的生命，以之佐菜滋養腸胃，與之共處滋養心靈。

樸門也影響我的瑜伽課，於是我在社區開課減少碳足跡，並提供學員可利用社區貨幣或是以物易物方式付學費的另類選擇。當然也不會忘記分享舞蹈帶來的直接體驗，足以觸動每個人內心最深處那種回歸自然的嚮往。瑜珈大師B.K.S. Iyengar說：「練習時，我是哲學家；教學時，我是科學家；示範時，我是藝術家。」我想，樸門實踐者同樣要兼具以上三種人格特質——哲學家、科學家、藝術家。當然，沒有實踐，一切免談。

樸門永續設計帶給我的，正是去體驗和解讀外在環境的實用工具。王珮君／提供

新自然主義精選目錄

◆新醫學保健系列◆			
書號	書　　名	作　者	定價
NA15	**神奇的生機排毒法**：提升免疫力實用手冊	蔡慶豐、吳麗雲	160
NA17	**健康又美麗**：神奇的生機排毒法之女性篇	蔡慶豐、吳麗雲	250
NA19	**遠離腰痠背痛**：骨科名醫蔡慶豐醫師的叮嚀	蔡慶豐	230
NA22	**溫柔生產**：充滿愛與能量的美妙誕生	芭芭拉·哈波	380
NA25	**神奇的深呼吸自療法**：結合瑜伽與丹田呼吸法的極簡健康秘笈	龍村修	230
NA26	**體態，決定你的健康**：黃如玉醫師的脊骨平衡完全手冊	黃如玉	280
NA27	**吃錯了，當然會生病！**：陳俊旭博士的健康飲食寶典（附CD）	陳俊旭	250
NA31	**創造健康柔軟的血管**：預防腦中風、狹心症、心肌梗塞圖解小百科	渡邊孝	200
NA32	**別讓房子謀殺你的健康**：江守山醫師的房屋健檢訣竅大公開	江守山	320
NA34	**腸保健康，遠離腸癌**：腸道疾病預防與治療圖解小百科	寺野彰	200
NA36	**只買好東西**：食材達人朱慧芳採購秘訣大公開	朱慧芳	280
NA37	**抗肺癌最新情報**：肺癌完全防治圖解小百科	加藤治文	200
NA39	**肝好，人生變彩色**：肝癌、肝炎完全防治圖解小百科	飯野四郎	200
NA40	**健康保胃戰**：胃癌完全防治圖解小百科	笹子三津留	200
NA41	**就是要健康**：自癒力之升級完整版	吳珮琪	300
NA42	**不運動，當然會生病！**：游敬倫醫師的極簡運動療法	游敬倫	280
NA43	**牙好，永不老**：別讓牙周病鏽蝕你的健康	宮田隆	250
NA44	**如何照顧過敏兒**(修訂版)：陳永綺醫師的兒科診療室	陳永綺	230
NA45	**0~6歲寶貝完全照護手冊**(修訂版)：陳永綺醫師獻給嬰幼兒的健康錦囊	陳永綺	230
NA46	**0~6歲寶貝健康食療**(修訂版)：陳永綺醫師獻給嬰幼兒的健康錦囊2	陳永綺	230
NA47	**無毒保健康**：如何在充滿毒物的生活中自保	陳修玲	260
NA48	**只買好東西2：吃穿用的幸福學**	朱慧芳	300
NA50	**孩子的脊骨健康密碼**（增訂版）：黃如玉醫師的脊骨平衡完全手冊2	黃如玉	280
NA51	**步行，健腦又健身！**：讓大腦越來越年輕的健行法	大島清	220
NA53	**活力更年期**：讓更年期更輕鬆的身心運動	相良洋子、山岡有美	250

NA54	**真滿足**：提高自癒力的腳底健康法	市野小織	250
NA55	**過敏，原來可以根治！**：陳俊旭博士的抗過敏寶典(附CD)	陳俊旭	330
NA56	**過敏，原來可以根治！**(書+4CD)套裝版	陳俊旭	430
NA57	**神奇的瑜伽健康法**：鬆解・伸展・修復	石井三郎	250
NA58	**重返青春的10個生活祕方**：專為不運動的人打造的簡易保健書	中野詹姆士修一	250
NA59	**一生都享瘦**：健康又不復胖的科學實證減肥法	石井直方	250
NA60	**健康零漏洞**：簡基城博士獨創六大系統健康自療法	簡基城	300
NA61	**內臟保健康，皮膚水噹噹！**：完全根治皮膚病的中醫保健手冊	猪越恭也	250
NA62	**24小時健康行事曆**：林承賓醫師整合醫學DIY	林承賓	300
NA63	**日本瑜伽斷食法**：結合瑜伽體位法、呼吸法及飲食法的自療寶典	藤本憲幸	250
NA64	**骨盆：健康與美麗的關鍵密碼**（超值回饋版附影音DVD）	黃如玉	330

◆新心靈 & 愛系列◆

書號	書名	作者	定價
NB09	**與心靈共舞**：生命的禮物	克里斯多福・孟	200
NB21	**富足人生**：要錢還是要命？	杜明桂、薇琪・魯賓	250
NB26	**探索文明的出路**：富裕時代的反省與遠景	丹尼爾・昆恩	220
NB28	**富足人生的原動力**：找回失落的愛與幸福	珍・萊德蘿芙	250
NB30	**親密關係**：通往靈魂之橋	克里斯多福・孟	260

◆新自然環保教室系列◆

書號	書名	作者	定價
NQ01	**我愛綠建築**：健康又環保的生活空間新主張	林憲德	200
NQ02	**廚餘變黃金**：廚餘回收再利用手冊	新自然主義	180
NQ03	**地球暖化，怎麼辦？**：請看「京都議定書」的退燒妙方	葉欣誠	250
NQ04	**聽，濕地在唱歌**：城市的生態復育手冊	方偉達	250
NQ05	**節能省電救地球**：一本提供省錢妙招的環保小百科	黃建誠.林振芳	250
NQ06	**認識綠色能源**：「地球暖化，怎麼辦？」系列之二	李育明	250
NQ07	**地球零垃圾**：歡迎加入守護地球健康的零垃圾行動	陳建中	250

NQ08	**都是愛迪生惹的禍**：光害	林憲德、趙又嬋	250
NQ09	**抗暖化關鍵報告**：台灣面對暖化新世界的6大核心關鍵	葉欣誠	300

◆蠻野心足系列◆

書號	書名	作者	定價
NS01	**商業生態學**：商業也可以很生態	保羅・霍肯	280
NS02	**森林大滅絕**：全球已減少四分之三的原始林！	戴立克・簡申	220
NS03	**綠色資本家**：一個可永續企業的實踐典範	雷安德生	220

◆還我綠色地球系列◆

書號	書名	作者	定價
NN01	**七個環保綠點子**：簡簡單單創造綠色新生活	約翰・雷恩	160
NN02	**不可思議的消費鏈**：日常生活的環保神秘殺手	約翰・雷恩、亞倫聖・鄧寧	200
NN03	**你，還在開車嗎？**：城市與生態的一場豪賭	亞倫・聖鄧寧	200
NN04	**善意的生態殺手**：不當的優惠保障帶來資源浩劫	約翰・雷恩	200
NN05	**拯救鮭魚736**：一條見證水域生態危機的魚	約翰・雷恩	200
NN06	**重返美麗家園**：一位生態學者的返鄉衝擊	亞倫・聖鄧寧	270
NN07	**享受有機生活**：保羅.紐曼父女的綠色健康指南	妮爾・紐曼、喬瑟夫・戴格尼斯	250
NN08	**太陽電力公司**：新能源・新就業機會	法蘭茲・阿爾特	250

◆新學習風系列◆

書號	書名	作者	定價
NE01	**神奇的語言學習法**：莊淇銘教授的心得與見證	莊淇銘	220
NE02	**超倍速學習**：6天突破學習困境	莊淇銘	220
NE12	**引爆創意與記憶**：莊淇銘教授的神奇學習法	莊淇銘	220
NE22	**「學習」已經落伍了！**：掌握知識管理才是贏家	莊淇銘	200
NE23	**數學好好玩**：1小時學會22 × 22	莊淇銘、王富祥	230
NE24	**24小時就愛上數學**：1～9年級最佳數學入門書	王富祥	260
NE25	**全腦學習，萬「試」通**：大小考試K書開竅寶典	黎珈伶	280
NE26	**數學基測，輕鬆拿高分(上)**：24小時就愛上數學之應考篇	王富祥	250

NE27	數學基測，輕鬆拿高分(下)：24小時就愛上數學之應考篇	王富祥	250
NE28	數學學測，指考15個得分要訣(上)	王富祥	300
NE29	數學學測，指考15個得分要訣(下)	王富祥	300

◆認識台灣歷史系列(中英對照)◆

書號	書名	作者	定價
NR01-1	認識台灣歷史(一)：遠古時代	劇本/許明豐	250
NR02	認識台灣歷史(二)：荷蘭時代	劇本/許明豐	250
NR03	認識台灣歷史(三)：鄭家時代	劇本/許明豐	250
NR04	認識台灣歷史(四)：清朝時代(上)	劇本/陳婉箐	250
NR05	認識台灣歷史(五)：清朝時代(中)	劇本/陳婉箐	250
NR06	認識台灣歷史(六)：清朝時代(下)	劇本/謝春馨	250
NR07	認識台灣歷史(七)：日本時代(上)	劇本/鄭丞均	250
NR08	認識台灣歷史(八)：日本時代(下)	劇本/鄭丞均	250
NR09	認識台灣歷史(九)：戰後(上)	劇本/何佩琪	250
NR10	認識台灣歷史(十)：戰後(下)	劇本/何佩琪 等	250
NR43	台灣史10講：認識台灣歷史精華讀本(上)	吳密察總策劃	170
NR44	台灣歷史小百科：認識台灣歷史精華讀本(下)	吳密察總策劃	280

◆台灣原住民的神話與傳說(中英對照)◆

書號	書名	作者	定價
NC01	卑南族：神秘的月形石柱	林志興	360
NC02	賽夏族：巴斯達隘傳說	潘秋榮	360
NC03	布農族：與月亮的約定	杜石鑾	360
NC05	邵族：日月潭的長髮精怪	簡史朗	360
NC06	達悟族：飛魚之神	希南・巴娜妲燕	360
NC08	鄒族：復仇的山豬	巴穌亞・迪亞卡納	360
NC09	阿美族：巨人阿里嘎該	馬耀・基朗	360
NC10	魯凱族：多情的巴嫩姑娘	奧威尼・卡露斯	360

向大自然學設計

樸門Permaculture・啟發綠生活的無限可能

作者　Peter Morehead 孟磊、江慧儀
手繪插圖　Peter Morehead 孟磊
美術設計　楊啟巽工作室

總編輯　蔡幼華
主編　黃信瑜
發行人　洪美華
編輯部　錢滿姿、何沐恬
行銷　張惠卿、李泳霈、莊佩璇
讀者服務　黃麗珍、洪美月、陳侯光、巫毓麗
法律顧問　博仲法律事務所 陳雍之律師

出版者　新自然主義股份有限公司
幸福綠光股份有限公司
地址　台北市杭州南路一段63號9樓
電話　(02)2392-5338
傳真　(02)2392-5380
網址　www.thirdnature.com.tw
E-mail　reader@thirdnature.com.tw

印製　中原造像股份有限公司
初版　2011年1月

郵撥帳號　50130123 幸福綠光股份有限公司
定價　新台幣380元（平裝）
（購書運費80元，外島120元，900元以上免運費）
本書如有缺頁、破損、倒裝，請寄回更換。
ISBN 978-957-696-690-3

總經銷　聯合發行股份有限公司
台北縣新店市寶橋路235巷6弄6號2樓
電話：(02)29178022
傳真：(02)29156275

照片提供　Robyn Francis、Peter Morehead 孟磊、Ariana Pfennigsdorf、邱雅婷、林倬立、林雅容、賴吉仁、
劉德輔、陳玉子、張泰迪、周妙妃、王珮君、朱慧芳、黃信瑜、江慧儀
大地旅人環境工作室、典匠資訊股份有限公司
（本書照片未註明出處者，皆為作者提供）

國家圖書館預行編目資料

向大自然學設計：樸門Permaculture・啟發綠生活的無限可能 / Peter Morehead 孟磊、江慧儀 著 一初版.一臺北市：新自然主義出版，幸福綠光發行.2011〔民100〕　面: 公分 ISBN 978-957-696-690-3（平裝）　1.農場 2.景觀工程設計 3.生活態度　431.4　99021407

新自然主義 讀者回函卡

書籍名稱：《向大自然學設計》

■ 請填寫後寄回，即刻成為新自然主義書友俱樂部會員，獨享很大很大的會員特價優惠（請看背面說明，歡迎推薦好友入會）

★ 如果您已經是會員，也請勾選填寫以下幾欄，以便內部改善參考，對您提供更貼心的服務

● 購書資訊來源：☐逛書店 ☐報紙雜誌廣播 ☐親友介紹 ☐簡訊通知 ☐新自然主義書友 ☐相關網站

● 如何買到本書：☐實體書店 ☐網路書店 ☐劃撥 ☐參與活動時 ☐其他

● 給本書作者或出版社的話：

■ 填寫後，請選擇最方便的方式寄回：

（1）傳真：02-23925380
（2）影印或剪下投入郵筒（免貼郵票）
（3）E-mail：reader@thirdnature.com.tw
（4）撥打02-23925338分機16，專人代填

姓名：＿＿＿＿＿＿ 性別：☐女 ☐男 生日：＿＿年＿＿月＿＿日

★ 已加入會員者，以下框內免填

手機：＿＿＿＿＿＿ 電話（白天）：（　　）＿＿＿＿＿＿

傳真：（　　）＿＿＿＿＿＿ E-mail：＿＿＿＿＿＿

聯絡地址：☐☐☐☐☐ ＿＿＿＿縣（市）＿＿＿＿鄉鎮區（市）

＿＿＿＿路（街）＿＿段＿＿巷＿＿弄＿＿號＿＿樓之＿＿

年齡：☐16歲以下 ☐17-28歲 ☐29-39歲 ☐40-49歲 ☐50~59歲 ☐60歲以上

學歷：☐國中及以下 ☐高中職 ☐大學/大專 ☐碩士 ☐博士

職業：☐學生 ☐軍公教 ☐服務業 ☐製造業 ☐金融業 ☐資訊業 ☐傳播 ☐農漁牧 ☐家管 ☐自由業 ☐退休 ☐其他

寄回本卡，掌握最新出版與活動訊息，享受最周到服務

加入新自然主義書友俱樂部，可獨享：

會員福利最超值

1. 購書優惠：即使只買1本，也可享受8折，並免付郵寄工本費20元
2. 生 日 禮：生日當月購書，一律只要定價75折
3. 社 慶 禮：每年社慶當月（3/1~3/31）單筆購書金額逾1000元，就送價值300元的精美禮物（逾2000元就送兩份，依此類推。請注意當月網站喔！）
4. 即時驚喜回饋：（1）優先知道讀者優惠辦法及A好康活動
   （2）提前接獲演講與活動通知
   （3）率先得到新書新知訊息
   （4）隨時收到最新的電子報

入會辦法最簡單

請撥打02-23925338分機16專人服務；或上網加入http://www.thirdnature.com.tw/

（請沿線對摺，免貼郵票寄回本公司）

□□□□□

姓名：

地址：＿＿＿＿市縣＿＿＿＿鄉鎮市區＿＿＿＿路街＿＿＿＿段

＿＿＿＿巷＿＿＿＿弄＿＿＿＿號＿＿＿＿樓之＿＿＿＿

廣 告 回 函
北區郵政管理局登記證 北 台 字 03569 號
免 貼 郵 票

幸福綠光股份有限公司
新自然主義股份有限公司

地址：100 台北市杭州南路一段63號9樓
電話：(02)2392-5338　傳真：(02)2392-5380
出版：新自然主義 · 幸福綠光
劃撥帳號：50130123　戶名：幸福綠光股份有限公司

BOOK

新自然主義